富饶新疆

王宏丽　编著

五洲传播出版社

图书在版编目（C I P）数据

富饶新疆 / 王宏丽编著. — 北京：五洲传播出版社，2013. 6
（魅力新疆）
ISBN 978-7-5085-2520-4

Ⅰ. ①富… Ⅱ. ①王… Ⅲ. ①自然地理－介绍－新疆
Ⅳ. ①P942.45

中国版本图书馆CIP数据核字(2013)第099187号

富饶新疆

编　　著：王宏丽
审　　读：静瑞彬
图片提供：新疆维吾尔自治区政府新闻办公室，CFP，蔡增乐，崔志坚，李永俊，刘健，刘是何，孟庆忠，普拉提，石广元，史东兵，宋士敬，孙小萌，闫志江，姚彤，于雷，甄世新，周广宏
责任编辑：宋博雅
封面设计：丰饶文化传播有限责任公司
内文设计：北京优品地带文化发展有限公司
出版发行：五洲传播出版社
社　　址：北京市北三环中路31号生产力大楼B座7层
电　　话：0086-10-82007837（发行部）
邮　　编：100088
网　　址：http://www.cicc.org.cn　http://www.thatsbooks.com
印　　刷：北京光之彩印刷有限公司
字　　数：148千字
图　　数：104幅
开　　本：710毫米×1000毫米　1/16
印　　张：10.5
印　　数：1—3000
版　　次：2014年8月第1版第1次印刷
定　　价：48.00元

（如有印刷、装订错误，请寄本社发行部调换）

出版前言

新疆维吾尔自治区（简称新疆）地处中国西北边陲，面积166.49万平方公里，占中国国土面积的1/6，陆地边境线5600多公里，周边与蒙古、俄罗斯、哈萨克斯坦、吉尔吉斯斯坦、塔吉克斯坦、阿富汗、巴基斯坦和印度8个国家接壤，是古丝绸之路的重要通道。

新疆有长达数千年的文明史，自古以来就是一个多民族聚居和多宗教并存的地区。从西汉时期（公元前206年至公元25年）开始，它成为中国统一的多民族国家不可分割的重要组成部分。

新疆是中国5个少数民族自治区之一，现有55个民族成分，主要包括维吾尔、汉、哈萨克、回、柯尔克孜、蒙古、塔吉克、锡伯、满、乌孜别克、俄罗斯、达斡尔、塔塔尔等。2013年末，新疆总人口约为2264.30万人，其中少数民族人口约占61%。

新疆有数不清的名胜古迹，有充满传奇色彩的历史故事，有灿烂的民族文化、浓郁的民族风情、多元的宗教信仰；这里地处欧亚大陆腹地，有独特的自然条件，地形多种多样，风光雄浑壮美；这里物产丰饶，有丰富的矿产资源，牛羊成群，粮棉遍野，瓜果四季飘香……新疆是个散发着神奇魅力的地方！

为了让国内外的广大读者了解一个立体的、鲜活的、开放的新疆，我们编辑出版了这套“魅力新疆”丛书。本丛书共10册，分别介绍新疆10个方面的基本情况。希望本丛书能带您展开一段“魅力新疆”之旅。

2014年8月

目 录

辽阔大地

"我们新疆好地方啊，天山南北好牧场。戈壁沙滩变良田，积雪融化灌农庄……"

即使您没有到过新疆，您也应该听过这首脍炙人口的新疆民歌《新疆好》；如果您还没有听过这首耳熟能详的新疆歌曲，那您可一定要在这甜美悠扬的歌声陪伴下，好好逛逛新疆，好好看看新疆，好好了解一下新疆。因为，新疆真是一个好地方，一个辽阔的足以称得上神奇，一个广袤的足以够得上富饶的好地方……

人们常说：不到新疆，感受不到中国的辽阔和宽广；不登天山，岂能知晓新疆大地的胸径和脊梁。

广袤的土地

新疆，位于地球上最大的大陆——亚欧大陆的腹地，地处中国西

天山脚下的各族儿女

天山壮景

北边陲，总面积166.49万平方千米，占中国陆地总面积的1/6，是一块广袤富饶的宝地。就是这1/6，雄踞中国省级行政区面积第一。

新疆包含有14个地级行政区划单位（包括2个地级市、7个地区和5个自治州）、98个县级行政区划单位（包括11个市辖区、19个县级市、62个县和6个自治县）和1021个乡级行政区划单位（包括1个区公所、162个街道、237个镇、578个乡和43个民族乡）。

在新疆的广袤土地上，生活着2264万人（2013年数据）。自古以来，新疆就是个多民族的聚居地区。中国的56个民族中，有维吾尔、汉、哈萨克、回、柯尔克孜、蒙古、塔吉克、锡伯、满、乌孜别克、俄罗斯、达斡尔、塔塔尔、东乡、壮、撒拉、藏、彝、布依、朝鲜等55个民族安乐祥和地生活在这片美丽富饶的土地上。新疆素有“民族

的橱窗”的美誉，是中国民族风情最浓郁的边境省区之一。

新疆几乎汇集了地球上所有的自然景观：沙漠、绿洲、雪山、冰川、森林、草原、戈壁……无论是沙漠中沉寂的孤城，还是绿洲上繁荣的小镇；无论是白雪皑皑、连绵不绝、宛如巨龙的雪山，还是高大雄浑、气势磅礴、冷峻巍峨的冰川；无论是一望无际的原始森林，“天苍苍，野茫茫，风吹草低见牛羊”的草原，还是飞沙走石、寸草不生、黄沙漫天的戈壁，到处都充满了神奇。

新疆，冰峰与火洲共存，瀚海与绿洲为邻，自然风貌粗犷，景观组合独特。这里有海拔8611米的世界第二高峰——乔戈里峰，这里有

神奇的绿洲

中国最长的冰川——音苏盖提冰川，这里有世界第二大沙漠——塔克拉玛干沙漠，这里有中国最长的内陆河——塔里木河，这里有中国最大的内陆淡水湖——博斯腾湖，这里有中国最大的雅丹地貌群——“龙城”“风城”“魔鬼城”，这里有中国最大的硅化木园区——将军戈壁硅化木群……一切都那么神奇独特，一切都那么神秘莫测……

新疆，古丝绸之路的重要通道，经过时间的洗礼、渲染和历史的积淀、整合，交融了多民族、多形态的文化景观，同时，也展现着独具魅力的文化个性。新疆，素有“歌舞之乡”之称，这里的各民族群众都是天生的歌唱家、舞蹈家。维吾尔人的麦西热甫、哈萨克人的阿肯弹唱、柯尔克孜人的库姆孜弹唱，还有蒙古人的那达慕大会和锡伯人的西迁节等民族传统文化活动，令人为之着迷，为之倾倒。特色浓郁，丰富多彩，经久不衰，开放包容，这就是新疆这片神奇的土地上绚丽迷人的民族文化。

在新疆，寒冷的冰雪吞没了山脉，冰冻了万物生灵，但是，这里屹立着雪松，一株株、一层层，扎根在天山之中，挺立在蓝天与雪山之间，构成一幅令人惊叹的画卷。荒凉的戈壁了无声息，但是，这里簇拥着红柳，一片片、一丛丛，扎根在荒漠之中，绽放在黄沙与石砾之间，谱成一曲令人震撼的赞歌……

在这片辽阔的土地上，生活着乐观的新疆人。虽然这里有荒凉的沙漠，虽然这里有无际的戈壁，虽然这里有炙热的火洲，虽然这里有寒冷的地域，但是，这里，生活着乐观的新疆人，生活着勤劳朴实的

绿草如茵的秀美牧场

大漠中舞动的生命——胡杨

新疆人。他们，坚韧不拔，淳朴善良，默默奉献，把青春、把终生奉献给自己热爱的故乡，共同建设着美好的家园。

广博的新疆，书写着令人刻骨铭心的记忆。新疆，有“早穿棉袄午穿纱，围着火炉吃西瓜”的西域风情，有欢腾刺激、惊心动魄的叼羊，有场面宏大、扣人心弦的姑娘追，有惊险紧张、富于挑战性的达瓦孜，有欢悦喜庆、优美动听的麦西热甫……这里的景，这里的情，这里的人，这里的爱，无不令人流连忘返，记忆深刻。

奎屯红山大峡谷

5600千米的萦绕

新疆，位于亚欧大陆腹地中亚地区的东部，陆地边境线长达5600多千米，占中国陆地边境线的1/4，是中国面积最大、陆地边境线最长、毗邻国家最多的省区，也是对外口岸最多的省区之一。

5600多千米，是新疆与比邻和近邻国家友好交往的象征。新疆与蒙古、俄罗斯、哈萨克斯坦、吉尔吉斯斯坦、塔吉克斯坦、巴基斯坦、印度和阿富汗8个国家接壤，近邻有乌兹别克斯坦、土库曼斯坦和伊朗。新疆自古以来就是东西方交通的枢纽，是古丝绸之路的重要通道，与中亚、南亚、西亚及欧洲等地有着密切而频繁的经济和文化交往，有着许多历史悠久的商道和口岸，是中国向西开放的重要前沿和国际通商桥头堡。

5600多千米，是新疆与世界交流、与世界互贸的象征。新疆有对外开放的一类口岸17个，二类口岸12个，对外开放县市67个，是中国拥有口岸数量最多的省区之一。一类口岸中有国际航空口岸2个，分别为乌鲁木齐航空口岸和喀什航空口岸；陆路边境口岸15个。

新疆，在历史上是古丝绸之路的重要通道，现在又成为第二座“亚欧大陆桥”的必经之地。

新亚欧大陆桥不仅成为连接亚太地区和整个欧洲地区最便利、最廉价的运输通道，而且是中国贯穿东西的一条双向开放的通路，是新疆发挥“双向开放、东进西出”通道作用的根基。

繁忙的霍尔果斯口岸

新疆15个一类陆路边境口岸一览表

口岸名称	口岸类型	所属地州	依托城镇	开放时间	接壤国家	对口口岸
老爷庙	公路	哈密	巴里坤哈萨克自治县	1992.03	蒙古	布尔嘎斯台
乌拉斯台	公路	昌吉	奇台县	1992.06	蒙古	北塔格
塔克什肯	公路	阿勒泰	青河县	1989.07	蒙古	布尔干
红山嘴	公路	阿勒泰	福海县	1992.07	蒙古	大洋
阿黑土别克	公路	阿勒泰	哈巴河县	尚未开通	哈萨克斯坦	阿连谢夫卡
吉木乃	公路	阿勒泰	吉木乃县	1994.03	哈萨克斯坦	迈哈布奇盖
巴克图	公路	塔城	塔城市	1990.10	哈萨克斯坦	巴克特
阿拉山口	铁路、公路及管道运输	博尔塔拉	博乐市	1991.07	哈萨克斯坦	多斯特克
霍尔果斯	铁路、公路及管道运输	伊犁	霍城县	1983.11	哈萨克斯坦	霍尔果斯
都拉塔	公路	伊犁	察布查尔锡伯自治县	1994.03	哈萨克斯坦	科里扎特
木扎尔特	公路	伊犁	昭苏县	尚未正式开通	哈萨克斯坦	纳林果勒
吐尔尕特	公路	克孜勒苏	乌恰县	1983.12	吉尔吉斯斯坦	图噜噶尔特
伊尔克什坦	公路	克孜勒苏	乌恰县	1998.01	吉尔吉斯斯坦	伊尔克什坦
红其拉甫	公路	喀什	塔什库尔干塔吉克自治县	1982.08	巴基斯坦	苏斯特
卡拉苏	公路	喀什	塔什库尔干塔吉克自治县	临时开放	塔吉克斯坦	阔勒买

开往中亚国家的货车川流不息

新疆，是继北美经济圈、欧盟经济圈和东亚经济圈后的全球第四大经济圈——中西南亚经济圈的重心区，成为中国向西开放，拓展中西南亚和俄罗斯、东欧市场的桥头堡，在承接沿边沿桥、外引内联、中西联动，推进中国与中西南亚区域合作中，有着无可替代的作用。

新疆正成为与中亚、南亚、西亚乃至欧洲互相交流、互助贸易不可替代的新焦点。新疆也正因与周边国家间较强的经济互补性格局和较长时间经贸合作的坚实基础，成为中国与世界交流的重要窗口。

“亚心”的骄傲

说到新疆的大，不得不提起“亚心”——亚洲大陆地理中心。新疆常常被介绍为“位于亚欧大陆腹地”。是的，亚洲大陆的地理中心，就在位于东经87° 19′ 52″、北纬43° 40′ 37″，地处乌鲁木齐县永丰乡的包家槽子村。现在，这里已经成为举世瞩目的“亚心村”。

亚洲大陆地理中心是指亚洲大陆的质量中心，美国科学家曾经断定亚洲中心在新疆北部。1992年7月，中国科学院新疆地理研究所会同中国科学院院士、欧亚科学院院士、地图学家、遥感学家和地理信息学家等，以依据彭纳投影技术的亚洲地图为基础，采用现代科技手段与设备，经过严格的科学测算，测定了亚心的地理位置——乌鲁木齐市西南的永丰乡包家槽子村。这个仅有30余户人家的小村庄，成为了闻名遐迩的亚心村。经过数年的建设发展，位于天山北麓冲洪积扇上的昔日默默无闻的小村庄已经成为西域风光中新的靓丽风景，吸引着络绎不绝的慕名参观者。

亚心标志塔坐落在巨大的圆形“亚洲中心和平广场”的中心。塔身为钢筋混凝土构造，黑色花岗岩贴面，高14米。从四面看去，塔身均呈“A”字形，代表亚细亚（ASIA）。塔顶是由不锈钢管构成的一个直径2.5米的球形网架，代表地球。钢球下吊着一只铜制的倒圆锥，锥尖直指地面亚心坐标点。亚心塔下是用黑色大理石铺就的方圆百米的亚心坛。广场中央（即塔基中心）用中国红覆盖的部分，是微缩的亚洲大陆地图。在亚心坛乾（西北）、艮（东北）、巽（东南）、坤（西南）4个方位上，有4组各由12块刻有亚洲各国名称的大型花岗岩构成的“亚洲国际和平墙”，列在标志塔周围。具有典型亚洲地域特色的亚心标志塔，体现了“天圆地方”“天人合一”的人文思想。

当您站在亚心塔铜制垂体的中垂心下，就意味着您脚踩着亚洲的心脏，距离海洋最远的地方。从亚心四下环望，东有博格达冰峰，南倚天山山脉群岭，西依头屯河激流，北接准噶尔盆地，那种浩瀚广博的感觉油然而生。

亚洲中心和平广场周边矗立着49个国家的地图和国旗，紧密环绕。亚洲中心大道的两旁汇聚了象征亚洲多国文化结晶的石雕图腾和

亚心标志塔

亚洲中心和平广场

木质、玻璃钢雕塑图腾，浓缩万国风情：伊朗的“猎狮”、塔吉克斯坦的“神鹰”、科威特的“舟”、巴基斯坦的“和平万岁”、伊拉克的“汉谟拉比法典柱”、老挝的“祝福”等，象征着亚洲各民族的精神追求，展示着各国人民的文化力量，体现着多元文明的共存。亚洲中心和平广场的北面，是一个20多米高的如雄鹰展翅的网架结构大门，向过往的游客们展现着亚洲的腾飞。

包家槽子村曾是一个移民村，因水源稀少、土地盐碱性大而人口较少，村民们过得也不富裕。而如今，昔日宁静自足、毫不起眼的小村庄，因为亚洲地理中心的确定，已搬迁后撤，发展成为庄严肃穆、人来人往、家喻户晓的亚心村。

提起亚心村的变化，不得不讲讲一位已逝老人和4只石狮子的故事。吴廷德，一位酷爱雕刻的老人，自从1992年“亚洲大陆中心”坐标点位测定后，就负责维护标志牌的工作，平时还义务做起环保工作。后来，他又向几百名中外游客赠送了自己雕刻的带有“亚心”字样的纪念石头。1997年，吴廷德老人已年近古稀，他越来越迫切地想给亚心留下拿不走的纪念，一样能够代替他永远守护亚心的东西。他决定雕刻大石狮子，寓意“亚洲雄狮，东方巨人”。他变卖了仅有的47只羊，购回4吨多石料和工具，一心一意在家门口雕刻起石狮来。打造每只石狮都要耗时半年多。寒来暑往，就在第4只石狮刚打出轮廓的时候，老人家病倒了，而且得的是癌症。此后，在众人的帮助下，才终于把第4只石狮也打凿出来。在去世前3天，老人留下这样一段话：“狮压财宝，龙盘福地。我要让狮子把财宝压住，我们包家槽子村才能富。我把狮子贡献给亚洲中心，现在就是死了闭上眼睛也放心了。”就这样，4尊各重1吨、高1.6米，造型粗朴、气宇轩昂的石狮子开始守护在亚心标志牌前。时过境迁，岁月如梭，旧的亚心标志牌早已被宏伟的亚心标志塔所代替，而这4只石狮子，却始终守护在废弃的包家槽子村，见证着亚心村的崭新变化。

世界上离海最远的城市

说到新疆的大，您可曾想到世界上离海最远的城市——乌鲁木齐？是的，乌鲁木齐是世界上离海洋最远的内陆城市，东距太平洋2500千米，西到大西洋6900千米，南抵印度洋2200千米，北至北冰洋3400千米。在这里，您看不到浩瀚的海洋，听不到澎湃的涛声。但是，这里也绝非您想象的浩瀚无垠的沙漠，荒凉沧桑的戈壁，没落萧条的村庄，骑在驼背上前行的孤影……这里是地球上最大的欧亚大陆板块的中心，虽然四面都远离海洋，但是，这里却有如海洋般澎湃的气势，如海洋般令人朝思暮想的美丽……

乌鲁木齐位于新疆中北部，天山中段北麓、准噶尔盆地南缘，北部平原开阔，东、南、西三面环山，地势东南高、西北低，海拔580—920米，市区平均海拔800米。乌鲁木齐属中温带半干旱大陆性气候，气温变化剧烈，年平均温度7.3℃；降水稀少，年平均降水236毫米；日照充足，年平均日照2775小时，无霜期为105—168天，空气干燥；春秋两季较短，冬夏两季较长。

乌鲁木齐，新疆的首府城市，也是多民族文化交汇的中心，行政区总面积1.42万平方千米，常住人口已达到346万人（2013年数据）。乌鲁木齐，古准噶尔蒙古语，意为“优美的牧场”。这里，居住着汉、维吾尔、哈萨克、回、蒙古等47个民族，汇聚了各民族

的文化艺术和风情习俗。这里的气质开放、热情、豪爽、奋进……这里绚烂多姿，多元共融，是一个具有民族风情的好客城市。

乌鲁木齐自然资源十分丰富。这里地处准噶尔储煤带的中部，市辖区内煤炭储量在100亿吨以上，故有“煤田上的城市”之称；加之北有准东油田，西有克拉玛依油田，南有塔里木油田，东有吐哈油田，又被称为“油海上的煤船”“油海上的煤城”。这里，油页岩、食盐、硭硝储量均以亿吨计，石膏、石灰石、磷、铁、铀、锰、金等矿产蕴藏丰富，储量可观。这里，有高山冰川和永久性积雪164平方千米。皑皑白雪化为涓涓细流，浸润着98万亩耕地、963万亩天然草场、135万亩森林，被称为“天然固体水库”。这里，山区有繁茂的

美丽的乌鲁木齐

天然森林和天然草场，野生动植物资源也十分丰富。这里，光、热和风能资源极为丰富，达坂城风力发电场装机容量列亚洲第一、世界第二。这里盛产粮食、油料、蔬菜、瓜果和啤酒花等作物和各类牲畜。这里的夏季花木争艳、瓜果溢香，是旅游的黄金季节。这里的隆冬银装素裹、玉树琼花，一片北国塞外的好风光。

乌鲁木齐自然景观雄奇壮美，人文景观独具特色。久负盛名的达坂城，景色迷人的天池，令人神往的亚洲地理中心，被誉为“冰川活化石”的一号冰川，以及风光秀丽的南山天然牧场、甘沟菊花台、白杨沟瀑布等，都是中外游客向往的游览胜地。矗立在市区内的红山，是乌鲁木齐的象征；登山远眺，整座城市尽收眼底。乌拉

泊古城、陕西大寺、阿拉沟“石垒”、文庙、巩宁城遗址、纪晓岚“阅微草堂”等古迹闻名遐迩。自治区博物馆、新疆民族民俗陈列馆已被列为国家级的重要旅游景点，二道桥“大巴扎”是民族风情最集中、最浓郁的地方，国内外游客络绎不绝。乌鲁木齐入选了“2012年中国特色魅力城市200强”。

乌鲁木齐现代化大城市气息浓郁。这里自古便有“开天辟地之门户”之称，是连接天山南北、沟通新疆与中国内地的交通枢纽。自1978年改革开放以来，特别是第二座亚欧大陆桥贯通后，乌鲁木齐已成为中国扩大向西开放的重要门户和对外经济文化交流的窗口。这里不仅是新疆最大的商品集散地，而且是中亚地区重要的进出口贸易集

夜幕下五彩斑斓的乌鲁木齐

夕阳映照下的风力发电基地

散地，已成为世界投资者开拓中亚市场的重要平台。乌鲁木齐机场成为中国五大门户机场之一，开通国际国内航线69条。乌鲁木齐火车站是新疆铁路的总枢纽。公路四通八达，邮电通讯实现数字信息化……这里，正形成中国西部对外开放的最前沿城市。

乌鲁木齐是新疆政治、经济和文化的中心。这里既是悠久历史的传承者，古丝绸之路的必经之地，也是现代化大城市的见证者，新欧亚大陆桥中国西段的桥头堡。高楼林立，气宇轩昂；繁华喧闹，流光溢彩；民族风格鲜明独特，国际友人来自八方……科技创新成为城市发展的核心，开放创新成为走向国际市场的理念。乌鲁木齐是一个具有现代气息的活力城市。

乌鲁木齐，离海洋最远的城市，古老而又年轻的城市，正在美丽迷人的天山脚下，正用多彩多姿的民族风情、神奇绮丽的自然风光，正以蓬勃进取的发展步伐，描绘着一幅幅现代化建设的画卷，续写着一段段幸福和谐的篇章……

新疆之宝

新疆有很多宝贵的发展条件，令人称羡。

世界海拔最高的公路——新藏公路，全线海拔超过5000米，最高达6035米。

世界最长的沙漠公路——横穿塔克拉玛干沙漠的两条沙漠公路。

世界最长的地下水利灌溉系统——坎儿井，全长5000余千米。

亚洲第一、世界第二的风力发电厂——达坂城风力发电场。

含糖量最高的葡萄——新疆是中国葡萄种植面积最大、产量最高、含糖量最高的省区。最佳品种无核白葡萄含糖量达20%—27%。

中国品质最优的核桃——阿克苏、和田、叶城的核桃。

大漠中生生不息的胡杨

中国第一个绵羊优良品种——“新疆细毛羊”，在原有杂种细毛羊的基础上培育而成，现称“中国美利奴羊”。

中国面积最大、分布最广的天然胡杨林——塔里木盆地中的胡杨林，面积达3800平方千米。

中国最大的自然保护区——阿尔金山自然保护区，面积4.5万平方千米。

中国唯一的天鹅自然保护区——巴音布鲁克天鹅保护区，面积1000多平方千米。

中国唯一的河狸自然保护区——位于阿勒泰地区青河县布尔根河两岸。

中国唯一的四爪陆龟自然保护区——霍城县，中国唯一发现的在沙漠地带生存四爪陆龟的地区。

新疆是中国棉花产量最高的省区，煤炭资源最多的省区，千顷以上灌区最多的省区，石油天然气资源量最多的省区，巴旦杏种植面积最广的省区，人均占有水果量最多的省区……

新疆是一片广袤富饶之地，蕴藏着数不清的自然景观和物产资源。新疆的水土光热都是宝，新疆的春夏秋冬皆有情。新疆是生物的王国、矿产的宝藏、农业的天堂、牧业的故乡……

肥美的羊群

灵境奇观

“我走过多少地方，最美的还是我们新疆……”这一曲《最美的还是我们新疆》，唱出了无数新疆人的骄傲，唱出了无数新疆人的自豪。新疆的美丽和富饶是相伴而生的。在这片辽阔神奇的土地上，蕴藏着数不尽的自然景观和人文情怀。

凡是到过新疆的人，无论怎样极其所能地赞美新疆，都不过分。因为，这是一个令人魂牵梦绕的地方，这是一个美到令人窒息的地方：这里有浩瀚无垠、神秘莫测的沙漠；这里有寒风彻骨、飞沙走石的戈壁荒滩；这里有郁郁葱葱、连绵不断的绿树群山；这里有薄雾笼罩、秀美绝伦的高山湖泊；这里有漫山遍野、馥郁芬芳的花草；这里有万顷碧波、此起彼伏的草原……

亲临新疆，您就会发现，这里宁静的村落安详静谧，繁华的都市现代开放，新建的绿洲小镇新城生机盎然，热闹的巴扎集市熙熙攘攘，好客的新疆人能歌善舞，热情的新疆人善良大方……这里的美，仿佛是一个个无穷无尽的魔幻世界；这里的美，仿佛是一处处美轮美奂的人间仙境……

在《中国国家地理》杂志刊出的“中国最美的地方”排行榜上，

喀纳斯湖畔宁静秀美的图瓦村

美不胜收的喀纳斯

新疆有多处自然景观入选：乔戈里峰入选中国最美十大名山；托木尔冰川和特拉木坎力冰川入选中国最美六大冰川；喀纳斯湖入选中国最美五大湖；巴音布鲁克入选中国最美六大沼泽湿地；天山雪岭云杉林和轮台胡杨林入选中国最美十大森林；伊犁草原入选中国最美六大草原；天山库车大峡谷入选中国最美十大峡谷；塔克拉玛干沙漠腹地和古尔班通古特沙漠腹地入选中国最美五大沙漠；喀纳斯湖畔图瓦村入选中国最美六大古镇古村；中国最美的三大雅丹地貌全部落在新疆……

更可贵的是，新疆不是徒有美色，而是秀外慧中、内涵深厚的。在这些山川湖泊、荒漠戈壁中，各类珍贵资源也非常丰富，其中有很多还是新疆所独具的。

您看，那宛如玉镜的“西塞明珠”博斯腾湖，那孕育无数生命的叶尔羌河绿洲，那被称为“死亡之海”却生长着无数胡杨和柽柳的塔克拉玛干沙漠，那雪白圣洁的天山雪莲、扬名中外的珍贵玉石、历史

白雪皑皑的昆仑山

连绵不绝的苍山峻岭

悠久的珍贵药材新疆贝母……哪一种不独具新疆韵味，哪一种的价值不令人们为之惊叹！

“三山两盆”——“金山宝盆”

如果能够从太空中鸟瞰新疆辽阔的地域，您会发现这是一个四周高山环抱，境内山脉、盆地相间，地势高差大，地形复杂的地方。新疆境内冰峰耸立，沙漠浩瀚，草原辽阔，绿洲点布，形成一种独特的地貌结构，被称为“三山夹两盆”。不错，山地和盆地是新疆地貌的两大基本类型，其中，山地占新疆总面积的55.7%，盆地占44.3%。地貌轮廓鲜明，高峻绵延的山脉与平坦宽广的盆地相间排列，就形成了“三山夹两盆”的态势。

让我们来具体看一看这种独特的地貌：阿尔泰山雄踞于新疆最北

部，天山横亘于新疆中部，喀喇昆仑山、昆仑山和阿尔金山位于新疆最南部。阿尔泰山与天山之间为准噶尔盆地，天山与昆仑山之间为塔里木盆地。“三山”巍峨高耸，像是三条天然的屏障，勾勒出“两盆”辽阔的地域轮廓，同时也决定了新疆众多河流的发育、流向，影响着新疆各地气候的冷暖、干湿。新疆是典型的内陆干旱区，由于地壳的剧烈运动，河流下切侵蚀强烈，塑造了深峡湍流、高山平湖、大漠盐泽、陡岩飞瀑等风貌奇特的干旱区水文景观。三山两盆中有许多特殊的干旱区景观秀美迷人，而冰川和大漠则构成新疆干旱区景观的

清新秀美的山间盆地

主旋律。

阿尔泰山全长2000余千米，在中国境内的山段呈西北—东南走向，山岭高度一般在海拔3000米左右。横跨中俄边界的友谊峰，海拔4374米，是阿尔泰山的最高峰。

天山，古有阴山之称，东西走向，全长2400多千米，是亚洲最大的山系之一。中国境内的天山山脉长约1700千米，全在新疆境内，峰峦重叠，气势雄伟，是新疆重要的自然地理分界线，天山南北的气候、水文、动植物分布及自然景观均有显著的差异。习惯上称天山以南为南疆，天山以北为北疆。

昆仑山，巉岩崔嵬，巨峰拱列，环绕新疆南部边缘，西起帕米尔高原，西南与喀喇昆仑山相接，东伸入青海省西部，全长2500千米。西部的帕米尔高原，有“万山之祖”的美称，古丝绸之路经此通往波斯（今伊朗）等地，中国历史上称其为“葱岭”，又称其为“莽昆仑”“亚洲脊柱”。

准噶尔盆地，面积约38万平方千米，是中国第二大盆地。在这里，有面积达4.8万平方千米的中国第二大沙漠古尔班通古特沙漠、中国最大的有蹄类野生动物保护区卡拉麦里山、闻名遐迩的将军戈壁等风景名胜，还有新疆野马等独特的生物资源。

塔里木盆地，面积53万平方千米，是中国最大的全封闭性内陆盆地。这里有中国最大、世界第二大流动沙漠——塔克拉玛干沙漠，面积达33.76万平方千米。这里有中国最长的内陆河——长约2100千米的塔里木河，还有著名的原始胡杨林、核桃等生物资源，以及石油等丰富的矿产资源。

新疆独特的“三山夹两盆”地貌，美化了新疆，也富裕了新疆。这片“金山宝盆”之地，是特殊物产的天然温床，蕴藏着新疆重要的旅游资源和物产资源。

叠嶂起伏的山峦

高山峻岭的傲然

朋友，您可曾到过新疆？如果您沿兰新铁路进入新疆，您是否会因地平线上隐隐显现的连绵雪山而感到吃惊？如果您乘飞机进入新疆，您是否会为俯视中连绵不断、巍峨壮美的冰山而感到震撼？新疆的高山峻岭，座座都浑然天成，各具风骚。“一山有四季，十里不同天”，更是令人领略大自然的鬼斧神工。

是的，新疆拥有众多的高大山脉，其中最为著名的是形成了新疆地貌格局的清晰脉络的阿尔泰山、天山和昆仑山。这些山脉的形成，要追溯到最早距今5亿年的古生代时期。当时，新疆只有被海水包围的准噶尔和塔里木两个陆块。随着古生代的地壳运动，海水逐渐退去。大约在距今约100万年的新生代第三纪末，周围海底隆起，形成稳定的被群山包围的盆地。于是才有了今天新疆著名的阿尔泰山、天山和昆仑山。

新疆山脉蕴藏着丰富的生物资源、水资源、矿产资源和旅游资源，不但是新疆典型干旱区水资源的形成区和涵养区，也是重要的矿质营养元素库和物种资源库，对促进新疆绿洲的形成及维系新疆的生态平衡具有重要作用。

首先，我们来欣赏一下美丽富饶的阿尔泰山。

阿尔泰山分布于额尔齐斯河以北，这里雨雪丰盈，森林密布，草场繁茂，有森林26万公顷，草原1053万公顷。阿尔泰山冬季冰封雪飘，完全是一个“林海雪原”的冰雪世界；夏季凉爽宜人，连峰续岭的墨绿森林，一望无际的碧绿草原，再配上一片片花海，构成一幅色彩斑斓的美丽画卷。

阿尔泰山不仅风景秀丽，资源也非常丰富，单从它的名字上就可见一斑，因为阿尔泰山在蒙古语中意为“金山”。有民间谚语说：“阿尔泰山72条沟，沟沟有黄金。”据不完全统计，20世纪50年代前，阿尔泰山共产黄金40万两。更有历史记载，阿尔泰山曾挖出最大的“狗头金”，重达240两。除了黄金外，这里还有世界著名的三号

天山六月雪

矿脉可可托海矿区，蕴藏着铍、锂、铌、铷、铯等70多种矿产，被誉为世界少有的“稀有金属天然博物馆”。

当然，历史悠久的阿尔泰山也少不了古老而神秘的物质文化遗产，比如，在这里的广袤大草原上，就分布着很多年代久远、造型各异的草原石人。曾有专家和学者认为，这些神秘的草原石人可能是曾经居住在阿尔泰山脚下的“秃头人”。与草原石人同为著名物质文化遗产的，还有大量岩石壁画。这些岩画数量繁多，且主题丰富，形式多样，内容庞杂、完整、大气，既真实朴素，又生动活泼，是一座不可多得的艺术宝库。

阿尔泰山还生长有名贵中药材——新疆贝母，与川贝、浙贝齐名。此外，阿尔泰山最为著名的，就要属玉石了。这里有著名的丁香紫、绿柱石、碧玺、天河石等。

领略过阿尔泰山的丰富资源，我们接下来将目光转向天山。

横亘新疆中部的天山山脉，峰峦重叠，气派雄伟，是亚洲高大山系之一。李白曾赋诗：“明月出天山，苍茫云海间。”这里多崇山峻岭，海拔5000米以上的山峰有多处，如海拔7435米的天山最高峰托木

千姿百态的高山风光

尔峰、海拔6995米的汗腾格里峰、海拔5445米的博格达峰。

天山有发育良好的森林、草原和冰川，景观壮丽。由冰雪融化后汇集而成的河流有200多条，滋润和灌溉着天山南北的广阔绿洲。著名的天然高山湖泊天山天池，就是由冰川消融成水后储水而成的湖泊。天池古称“瑶池”，有“天山明珠”的盛誉。雄伟挺拔的雪峰，倒映在如镜的池水中，湖水晶莹如玉，清澄碧蓝，银光闪闪，湖光山色，浑然一体。相传，天池是西王母与周朝（前1046—前256）第五代国君周穆王欢宴的瑶台仙境。据《穆天子传》《山海经》等古籍记载，周穆王西游时，曾到瑶台仙境。西王母在风景秀丽的瑶池设宴款待了他，并请他游览瑶池及其他山川名胜。

天池东南面是雄伟的博格达主峰，号称“东部天山第一峰”，被称为乌鲁木齐的“守护之神”，主峰与东峰和西峰形成著名的“雪海三峰”。博格达山中，基本保持原始自然景观，目力所及，尽是遮天蔽日的原始森林和风光如画的山甸草原葱笼青翠。从下部到峰顶形成4个鲜明的植被带，草原、森林、高山、冰川层层递进。七八月是最好的登山季节，一日之内可见到四季之景，赏心悦目。在雪线附近，生长着众多雪山花卉，如雪莲、野罂粟、翠雀、金莲、金娇、百里香、梅花草等十几种，五彩缤纷，其间还有野生的中草药材，如贝母、当参、紫草、黄芪和柴胡等。动物有雪豹、雪鸡，偶尔还有狍子、棕熊、猞猁、大角绵羊出没。

在新疆，能与阿尔泰山和天山相提并论的，要数昆仑山了。

昆仑山脉山势高耸巍峨，有7000米以上高峰10多处。其中，最高峰乔戈里峰海拔8611米，是世界第二高峰。此外还有海拔7719米的公格尔峰、海拔7595米的公格尔九别峰，以及海拔7546米的“冰山之父”——慕士塔格峰等。昆仑山峰峦起伏，林深古幽，景色秀丽。每逢春夏之交，满山碧树吐翠，鲜花争奇斗艳，使昆仑山更具风韵。

昆仑山盛产和田玉，体如凝脂，温润光洁，贵重超群，尤其是昆

巍峨冷峻的昆仑山

仑中的羊脂白玉，举世无双。说到和田玉，我们不能不提它的“姐妹玉”——昆仑玉。2008年奥运会时，中国除了设计极具民族色彩的由和田玉制造的“中国印”奥运会徽，还设计了奥运史上第一次加入非金属元素的奖牌——“金镶玉”。金牌上使用白玉，银牌上使用青白玉，铜牌上使用青玉，所有“金镶玉”采用的玉石全部是昆仑玉，而昆仑玉的产地，正是昆仑山。

除了高峰、冰川、玉石外，风景秀丽的昆仑山还有很多珍贵的资源，如不冻泉昆仑泉、一步天险桥昆仑桥、昆仑山口等奇观，以及雪豹、山羊、羚羊、狼、褐熊、棕熊等珍贵动物。

总之，我们在这里介绍的三大山系，处处都有险境奇观，山山都蕴藏着丰富宝藏，是新疆的物产宝地，同时也是我们的旅游胜地。

冰川雪岭的巍峨

在新疆终年冰封的高山之上，堆积着亿万年以来形成的一个冰雪世界。由于它们会在重力作用下缓慢滑动，我们称它们为冰川或者冰河。在干旱的内陆地区，这些隐藏在高山之上的冰川，被人们称为天然的“固体水库”。新疆是中国冰川数量最多、面积最大、冰储量最丰富的省区，也是中国现代冰川发育的地区之一。目前，新疆已知冰川约有1.86万条，面积达2.30万平方千米，占中国冰川面积的42%。

新疆各山区都有数量不等的冰川分布，其中冰川分布最多、最大的是天山山脉，达9128条；按面积和冰储量计，则以昆仑山为冠，

羊布拉克冰川

站在世界之巅

分别为12259.55平方千米和12857.07亿立方米。喀喇昆仑山被称为世界山岳冰川之王，全世界中低纬度区8条长度超过50千米的山岳冰川中，就有6条分布于此。被称为“昆仑三雄”的公格尔峰、公格尔九别峰和慕士塔格峰，是现代冰川的大本营，其中的慕士塔格峰被尊称为“冰山之父”，而东昆仑的木孜塔格峰也有“冰川之子”之称。阿尔泰山友谊峰上，则拥有中国末端海拔最低的冰川——喀纳斯冰川。

天山的冰川数量居中国首位，其中最著名的当数一号冰川。一号冰川形成于第三冰川纪，距今已有400多万年历史，是乌鲁木齐河的源头。其遗迹保存完整，被誉为“冰川活化石”。这里冰川冲积地貌明显，1959年中国科学院在这里建立天山冰川观测试验站，观测研究古代、现代冰川的发育。

在一号冰川探出的冰舌前，有个80多米长的大冰洞，水珠从洞上涓滴而下形成“水帘”，就像童话中的水晶宫。在海拔3500米以上，有成层的槽谷、岩坎、岩盆、冰斗及状似绵羊脊背的羊背石等冰蚀景观。金字塔形的角峰鳞次栉比，锯齿似的刃脊绵延起伏、势比长城，流动的银瀑随风四溅。置身其中，冰清玉洁，超凡脱俗，震撼不已。另外，冰川水与一般的水相比，具有低钠、低氚的特点，还含有锶、镁、锌等对人体有益的微量元素，是一种特有的不可再生的资源，是世界上最宝贵的天然资源之一。这里交通便利、环境较好，是人类可开发利用的珍贵冰川。

“冰川之父”慕士塔格山，山顶冰层厚度达100至200米。传说，慕士塔格峰上住着一位冰山公主，她与住在对面的世界第二高峰乔戈里峰上的雪山王子热恋。凶恶的天王知道后很不高兴，就用神棍劈开了这两座相连的山峰，拆散了冰山公主和雪山王子这对真挚相爱的情人。冰山公主整天思念雪山王子，她的眼泪不停地涌出，最终流成了道道冰川。山上终年积雪不化，冰珠闪烁，如同一位须发皆白的老父，更因为它是冰川形成最早的山峰，所以被人们称作“冰山之父”。若非晴天，它的身影总是隐没于云纱雾海之中，轻易不肯露出“庐山真面目”，给人以老者的深沉神秘感。若在晴空万里之时，放眼望去，白雪皑皑的山峰夹带着伸向雪线下的道道冰川，宛若冰山公主为雪山王子歌舞时飘逸的白裙与长袖。慕士塔格山巍峨庄严，纯洁高雅，美好的传说又被塔吉克青年男女看作纯洁爱情的象征。

如果说慕士塔格山冰川是昆仑山系最具浪漫色彩的冰川，那么音苏盖提冰川就是昆仑山系中最负盛名的冰川，因为它是中国境内最大的冰川。它位于喀喇昆仑山脉乔戈里峰北坡。冰川总长约42千米，冰舌长约4200米，覆盖面积达380平方千米。它由4条巨大的支冰川和十几条规模不等的冰流汇合而成，末端下伸到海拔4000米左右的谷地中。它有千姿百态的冰塔林、冰茸、冰桥等美景，还有高达数十米的冰陡崖和步步陷阱的明暗冰裂隙，以及险象环生的冰崩雪崩区。

绿洲草原的温情

如果到了新疆，您会发现在无垠的大漠之中，有一片片带状的绿洲，分布在河流或井、泉附近，以及有冰雪融水灌溉的山麓地带。这些干旱半干旱地区特有的地理景观，就像大漠之海中的“岛屿”一样，存在于荒漠之中。它们是浩瀚沙漠中的片片沃土，也是人类和各种生物迁徙及活动的重要场所。

绿洲对于新疆人而言，远不止是一处处奇丽的景观那样简单，因为那里是孕育了无数生命的摇篮。自古以来，人们在绿洲上耕种放牧、建设城镇，创造出辉煌灿烂的古老文明。直到今天，绿洲一片生机盎然，它们仍然是很多新疆人赖以生存的家园。

新疆的绿洲面积约占新疆总面积的4.2%，新疆因而成为中国绿洲分布最广、面积最大的省区。这些绿洲环盆地而展布，沿山前而盘居，主要分布于盆地边缘和河流流域，如天山北麓山前冲积平原、准噶尔盆地北缘及塔里木盆地周边等水资源比较丰富的地区。

人们常说，水是绿洲的源泉和生命线。是的，绿洲植被及人类生产生活的需求全要依赖于水，因而，绿洲是依水而生，伴水而存。水资源的丰盈程度决定了绿洲的规模。有水的地方，就是绿洲；无水的地方，就是沙漠戈壁。特别是水土和光热资源组合优势明显的地方，最容易发育成绿洲。

南疆的几大片绿洲都分布在叶尔羌河、阿克苏河、和田河、渭干河、喀什噶尔河和孔雀河等流域的中下游冲积平原；北疆天山北麓的诸多河流，如玛纳斯河、奎屯河、呼图壁河、头屯河、乌鲁木齐河及博尔塔拉河、精河等流域的冲洪积平原也形成了绿洲。这些河流的冲

广袤的草原

洪积平原或冲洪积扇中下部引水方便，土层也较深厚，最适宜农耕。人类逐水土而垦殖，绿洲也就随水土而发育。在各流域的灌区，随着人们将渠道不断延伸和完善，对泉井进行开凿和引取，使农垦不断扩大，绿洲也随之不断扩散。

新疆的诸多绿洲群中，规模最大的要数叶尔羌河流域绿洲。该绿洲地处塔里木盆地西南部，以莎车为中心，所以又叫莎车绿洲。莎车绿洲不仅是新疆棉花和瓜果的生产基地，也是重要的粮食产区，对新疆人民有着非常重要的影响。

绿洲，是新疆人世世代代繁衍生息的地方。那星星点点散布于浩茫无垠的戈壁沙漠之中的绿洲，恰似遗落在毫无声息的大漠中的一抹新绿，显得那么生机盎然，醒目耀眼。有绿洲的地方，就有生命；有绿洲的地方，就有希望。

与绿洲一样，新疆的草原同样被人们视为生命的摇篮。悠扬动听的《草原之夜》，沁人心脾的《美丽的草原我的家》，唱醉了多少人。新疆的大草原，“风吹草低见牛羊”，令无数旅游爱好者无限向往。

新疆有数量众多、分布广泛，且品质较高的草原资源。新疆草原的类型之多居中国第一。在全中国18个草地大类中，新疆就有11个。新疆天然草地面积大，类型多，牧草种类丰富，优良牧草较多，四季草场齐全，是中国三大牧场之一，仅次于内蒙古、西藏，居中国第3位。

将草原称为新疆的生命的摇篮，一点也不过分。因为这里水清草绿、资源丰富，是新疆游牧民族及各种动植物赖以生存的宝地。新疆草原地处大陆中心，距海洋十分遥远，周围高山环抱，湿润的海洋气流无法到达这里，因而干燥少雨。天气晴朗的时候，山上的积雪开始融化，无数条雪水汇成小溪，穿过松林山岭，缓缓流向山地草原，给这里带来了无限生机。于是，草原上羊茅、狐茅、鸭茅、苔草、光雀麦、车轴草和胡枝子等各种牧草遍地丛生，还有举世闻名的新疆细毛羊、三北羔皮羊和伊犁马等动物四处游荡。牧民们在这里安营扎寨，毡房和蒙古包星星点点。

新疆有58%的草原分布在山区，如南部的昆仑山、中部的天山和北部的阿尔泰山等。因为随着山地地势的升高，虽然气温降低，但降

秀美的伊犁大草原

水量却不断增多，结果山地降水要比平原多。加上山顶积雪融化，水源充足，给牧草生长提供了良好条件。所以，北疆山地草原草高过人，质量又好，是中国单位面积草原产草量最高的地区，是质量最优的夏季牧场。

伊犁哈萨克自治州州直境内的草原，是中国最丰美的草原之一。这里有久负盛名、万花铺就的那拉提草原，有层峦叠翠、风景如画的唐不拉草原，有繁花似锦的巩乃斯草原，有蓝天碧野的昭苏草原，有万花点缀的喀拉峻草原……

伊犁大草原，以她超然绝美、卓尔不群的气质与外表令人神往，被誉为“上帝的特殊恩赐”。伊犁草原土地肥沃，灌溉便利，连绵千里，呈现出无限生机。这里有着得天独厚的自然条件，北面、东面和南面的群山，既能挡住北方的寒流，也能挡住南面过于炎热的气流，全年气温均衡。另外，来自大西洋的暖湿气流，还可以从伊犁河谷长驱直入，为这里带来充足的雨水。一年中大部分时间，伊犁草原都是一片葱绿，成为丰美的天然大牧场。独特的地理和气候条件，为这里孕育出世界著名的羊茅、鸭茅、光雀麦和其他富含营养的牧草。那拉提——“最先见到太阳的地方”，世界四大河谷草原之一。草原上有河有山，山峰高峻，森林繁茂，幽谷山泉密布、溪流纵横，绿草如茵、万花锦绣。昭苏草原号称“新疆最美的草原”，牧草肥嫩茂盛，四季色彩变幻无穷。喀拉峻系哈萨克语，意为“黑色莽原”，是典型的山地草甸类型草原，地势起伏和缓，视野开阔，雨水丰盈，日照充足，各种野花恰似点点繁星开遍山野……

离开了伊犁大草原，您还可以到天山中部的巴音布鲁克草原看看。它是中国第二大草原，“巴音布鲁克”在蒙古语中为“富饶的泉水”之意，可见这是一个水源丰富的大草原。据记载，清朝（1616—1911）时期，蒙古土尔扈特部在民族英雄渥巴锡的率领下，不远千里从伏尔加河一带回归祖国。乾隆皇帝赞赏渥巴锡的爱国义举，把这片草原赐给土尔扈特人，让他们在这里重建家园。草原上地势平坦，湖沼密布，水草丰盛，气候宜人，是典型的禾草草甸草原。草原上有“九曲十八弯”的开都河，全长600多千米，传说是《西游记》中唐僧取经时路过的通天河。同样，巴音布鲁克草原的物产资源也非常丰富。优雅迷人的“天鹅湖”里，生活着120多种珍贵野生鸟类，是天鹅、雪鸡、金雕等珍贵鸟类的家园。当蒙古包里炊烟升起的时候，天鹅和其他珍禽也会在雪山草地之间翩翩起舞、放声歌唱，让人惊为仙境。

湖泊河流的秀美

新疆虽然身在内陆，远离大海，虽然沙漠和戈壁分布广泛，但在它的境内，湖泊河流多得却令人惊奇。新疆境内面积大于1平方千米的天然湖泊有139个，面积大于10平方千米的湖泊有30个，面积超过

100平方千米的湖泊有11个，湖泊总面积达到10000平方千米，仅次于西藏、青海、江苏，居中国第4位。这些湖泊与河流星罗棋布地分布在高山、高原、盆地、沙漠之间，默默地滋养着这片富饶的土地。

新疆的湖泊大多为河流的终点湖，面积随着水量的增减变化比较大，有的湖泊的位置还会常变。上次游览过的湖泊，过上几年再去找，您会发现它可能已经不在那里了——不是消失了，而是“跑”到别的地方去了。

新疆的各处天然湖泊中，湖面分布的高度有很大不同。高山湖泊可分为阿尔泰山、天山、帕米尔和昆仑山山系等四大块。那些最著名的湖泊往往都和那些著名山脉的“地标”式主峰如影随形。例如，阿尔泰山主峰友谊峰南坡的喀纳斯湖、阿克库勒湖（白湖）；东天山最高峰博格达峰北坡的天池；帕米尔东部最高峰慕士塔格峰西北坡的喀拉库勒湖。除了高山湖泊，新疆还有湖面奇低的天然湖泊，例如，艾比湖的湖面海拔高度只有189米；吐鲁番盆地的艾丁湖，低于海平面154.31米，成为中国陆地最低点。

新疆的湖泊风景秀美，宛如块块玉镜，镶嵌在大漠深处和崇山峻岭之中，其中尤以博斯腾湖、乌伦古湖、赛里木湖、艾比湖和艾丁湖等最负盛名。

博斯腾湖是中国内陆最大的淡水湖，总面积1228平方千米，出水量可达80亿立方米。在孔雀河畔、小湖湖畔，生长有总面积达40万亩的芦苇，形成苇荡和芦苇水道。在莲花湖、阿洪口一带，还有中国面积最大的天然生长的睡莲。此外，博斯腾湖的另一大奇观就是候鸟。候鸟的种类繁多，包括白鹭、海鸥、白鹳、鸬鹚等十余种，数量可达上万只。这里还是新疆最大的渔业基地，水中有鲤、草、鲢、青、鳙、赤鲈、公鱼等20余种鱼类及虾、绒蟹、河蚌等生物。博斯腾湖湖面水域辽阔，烟波浩渺，一派江南水乡之景色，难怪要被称为“西塞明珠”。

乌伦古湖，中国十大湖泊之一，也是北疆地区最大的内陆湖泊，有“准噶尔明珠”之美誉。这里不仅有“海滨浴场”式的好风光，还有名扬中外的“福海鱼”，更是仅次于博斯腾湖的新疆第二大渔业基地，有贝加尔雅罗鱼、河鲈、斜齿鳊、东方真鳊、圆腹雅罗鱼、银鲫、丁卡等。

巴音布鲁克天鹅湖，意为“丰富的山泉”，是中国最大的天鹅繁殖、栖息地。

喀纳斯湖，中国内陆最深的湖泊，最大湖深188.5米。四周峰峦叠嶂，郁郁葱葱；湖面碧波荡漾，群山倒映。最为神奇的是，湖面颜色还会随季节和天气的变化而变化，或湛蓝，或碧绿，或灰白，或黛绿……

除上述湖泊之外，新疆还有秀丽迷人的库车大小龙池，慕士塔格峰下山水交辉的喀拉库勒湖，若羌县境内有“阴阳湖”之称的鲤鱼湖，乌鲁木齐东南的柴窝堡湖和五家渠青格达湖等。

新疆的湖泊，美得五彩斑斓，各具特色，丰富的物产更是让人目不暇接。不过，新疆不仅有风景美妙绝伦的湖泊，还有许多纵横奔腾的河流。

新疆境内的大小河流共570多条，还有矿泉270多处。其中，水量最大的河流是伊犁河，其他水量较大的河流还有乌伦古河、开都河、玛纳斯河和孔雀河等。最长的河流是流程达2179千米的塔里木河，它

高山流水

巴音布鲁克九曲十八弯

也是中国最长的内陆河，世界第五大内陆河。它自塔克拉玛干沙漠的北缘蜿蜒而流，冲淤变化频繁，河流经常改道。在中游地区，河道曲曲折折，两岸胡杨林郁郁葱葱，水草丰茂，鸟语花香，农田纵横，瓜果飘香……

自古以来，塔里木河就是塔里木盆地绿洲生态、经济和人民生活的保障，被当地各族人民称为“生命之河”“母亲之河”。塔里木河流域的原生胡杨林是中国最大的胡杨林保护区，总面积3880平方千米。

近年来，由于塔里木河下游断流，致使下游出现胡杨林枯死、土地沙化严重等现象。后来，经过一系列保护措施的实施，这条有千年历史的“生命之河”又恢复了往日生机，大批珍稀野生动物也重返故乡。人们在沿河各地还推出了塔克拉玛干沙漠风光、和田河古道探险、艾西曼湖水上乐园等旅游项目。

额尔齐斯河是中国唯一的一条流出国境后注入北冰洋的河流。额尔齐斯河河面宽广，边境处阔达千米，其支流布尔津河和哈巴河的河床中，滩涂林立，水草丛生，绿树繁茂，阡陌相连，一派“大漠水乡”风光。在哈巴河两岸生长有西北最大的原始白桦林。河里的鱼类资源丰富，常见的淡水鱼有小体鲟、白斑狗鱼、哲罗鲑、长颌白鲑、拟鱼鲳等十多种。河谷次生林中生长着上百种杨树，其中世界五大杨树派系中的四大派系——白杨、胡杨、青杨、黑杨都生长在这里，还有额河杨、苦杨、银白杨等珍贵树种。在枝繁叶茂的丛林中、水草肥沃的漫滩草甸，还生存繁衍着很多小动物，常见的如盘羊、草兔、水獭、野猪、蛇类，以及灰伯劳、红尾鸲、欧夜鹰等鸟类。整个额尔齐斯河流域形成了一座健康而完整的生物圈。浩浩荡荡的额尔齐斯河，不仅孕育了周围的河岸生态，还以其宽广博大的胸怀滋润着数千万亩优良的天然草场，为农业灌溉和水能提供支撑，难怪要被阿勒泰人民亲切地称为“母亲河”。

新疆的河流中，除了额尔齐斯河外，其余均为内陆河。它们发源于山地，自源头喷涌而下，支流众多，山谷中奔腾咆哮，水量充沛，景色异常壮丽。出了山口，河流经过山前冲洪积扇，河水急剧下渗，

神秘的喀纳斯神仙湾

静谧的喀纳斯卧龙湾

冬季的河流

转化成地下水；地表的河流则被大量引至灌区，水量不断减少，或呈涓涓细流缓缓流淌，或者干脆消失于大漠荒烟，断流成为季节性河流。这些河流浩荡绵延，两岸大都绿荫连片，呈现出具有绿洲特色的田园风格，别具一格。

大漠戈壁的惊艳

“大漠孤烟直，长河落日圆。”王维的“千古壮观”之句，向人们展示了黄沙莽莽、浩瀚无边、荒凉孤寂的大漠奇观。

沙漠，不得不说的新疆的另一种美，一种只有听懂了风沙，领略了孤寂，才能体会到生命之顽强、生命之伟大的美……而这种特殊的美，也给新疆带来了特殊的珍贵资源。胡杨林、红柳、石油、天然气等，都是沙漠中及沙漠周围的宝贝。

与沙漠一样，戈壁也是新疆特殊美的载体。在新疆，沙漠和戈壁总面积达71.3万平方千米，占中国沙漠和戈壁总面积的55.6%。分开来看，沙漠面积42万平方千米，戈壁面积29.3万平方千米，分别占中国沙漠和戈壁面积的58.9%和51.4%。

新疆的沙漠是典型的内陆温带沙漠。东西向横亘于新疆中部的天山山脉，使南北疆的沙漠具有迥然不同的特征。在南疆，以塔克拉玛干沙漠为代表，年降水量多在50毫米以下，在沙漠中心甚至还不到10毫米，是欧亚大陆的干旱中心。这里受西北和东北两个盛行风向的交叉影响，风沙活动频繁而剧烈。其南缘年均风沙日在100天以上，以致沙漠不断南移。在北疆，则以古尔班通古特沙漠为代表。这里由于准噶尔盆地西部的缺口为盆地带来较为湿润的气流，因而年降水量可达100—200毫米。较多的降水，特别是冬季的积雪，在沙丘上形成较厚的悬湿沙层，为各种沙漠动植物提供了维持生命的水分。

中国的十大沙漠中有3个位于新疆地区，它们分别是塔克拉玛干沙漠、古尔班通古特大沙漠和库姆塔格沙漠。

塔克拉玛干沙漠是中国最大的沙漠，也是世界第二大沙漠。塔克拉玛干，维吾尔语意为“进去出不来”。它素有“死亡之海”之称，几乎成为人类活动的禁区。塔克拉玛干沙漠沙丘高大，形态复杂，包含了中国沙漠将近所有的沙丘类型。复合型沙山和沙垄，宛若憩息在大地上的条条巨龙；塔型沙丘群，分布着各种蜂窝状、羽毛状或鱼鳞状沙丘，变幻莫测。白天，塔克拉玛干赤日炎炎，银沙刺眼，沙面温度有时高达70℃—80℃。旺盛的蒸发，使地表景物飘忽不定，常有“海市蜃楼”的飘渺奇观。虽然环境恶劣，但在沙漠周围，沿叶尔羌河、塔里木河、和田河和车尔臣等河的两岸，却生长着象征生命和希望的胡杨林和柽柳灌木。而且，一望无际的沙漠中却有两条沙漠公路，堪称穿越“死亡之海”的奇迹。多年来，不断有勇士挑战塔克拉玛干，体验徒步横穿的无上乐趣。

黄沙莽莽的塔克拉玛干沙漠

除上述三大沙漠外，在伊犁谷地霍城县城西南延伸至中哈边境有塔克尔莫乎尔沙漠；在焉耆盆地博斯腾湖的南岸和东岸，分别有阿克别勒库姆沙漠和玛尔塔孜宁沙漠；在昆仑上则有世界上最高的沙漠——库木库里沙漠，高程为海拔3900—4700米。此外，在艾比湖洼地、布伦托海湖盆、额尔齐斯河岸及一些绿洲中，也零星分布着许多小沙漠。

在新疆的沙漠和戈壁里，蕴藏着大量珍贵的古代文明遗址，如见证了东西文化交流的米兰古城，以及举世闻名的楼兰古城和尼雅古城等。此外，这里还有朦朦胧胧的海市蜃楼、神奇莫测的响沙、幻如魔镜的沙漠日出和晚霞。

除了这些稀奇的景观，新疆的沙漠戈壁中也有大量生命存在，比如被茫茫戈壁所包围的艾丁湖周围，生长着郁郁葱葱的骆驼刺、红柳等沙漠植物。红柳耐热、耐寒又耐旱，在新疆的沙漠和戈壁上大量生长着。新疆是它们故乡，人们在很多地方都建立了红柳保护区。

此外，新疆的沙漠和戈壁中还有储量丰富的石油、天然气以及丰

大漠赞歌

粗犷神奇的大峡谷

富的珍贵矿藏等。总之，新疆的沙漠和戈壁虽然广袤无垠、荒无人烟，但由于其中的古文明遗址、矿产资源，稀有的沙漠动植物等，它们依然是令人不可割舍甚至为之痴狂的存在。

水土光热

新疆地域广袤，蕴藏着大自然赐予的无数“宝藏”，称得上一座天然的宝库。不必说地下的矿藏，也不必说人类在这块土地上的创造，单就说它的水、土、光、热，就为这里的人民提供了生活的依赖，为到这里旅游观光的人们提供了神奇的风景。

说起新疆，您可能会想到那是大漠、戈壁的世界。诚然，在新疆的土地上，沙漠和戈壁占了很大比重，但是，新疆众多的湖泊河流、高山融雪，也滋养出一片片美丽的绿洲、一个个辽阔的草原。在这些适宜人类生存的地域上，新疆人民建立了美好的家园，一座座城市拔地而起，一片片农田粮棉丰产、瓜果飘香，一个个牧场牛羊成群、马匹奔腾……

新疆是一个阳光灿烂的世界。充足的日照让新疆人民在阳光普照的土地上生活，为新疆人民提供了天然的能源，这可以说是太阳对这片广袤土地的厚赐。

新疆是个风力充足的地方。凶猛的狂风曾给人们带来许多艰苦的记忆，但是，人类的智慧体现在化害为利、变废为宝上。现在，新疆人利用风力来发电，让曾经的梦魇转化为清洁的能源。

中国宋代（960—1279）诗人陆游说：“纸上得来终觉浅，绝知此事要躬行。”如果您亲临新疆，一定会颠覆许多过去对它的印象，看到一片全然不同的新天地。

生命之源——丰富的水资源

对于新疆这个远离海洋的地方，您是否听说过这样一种传闻呢？说新疆十分缺水，所以，每个新疆人一辈子只能洗 3 次澡。第一次是婴儿出生时享受的清水洗礼，第二次是待结婚时的香汤沐浴，而最后一次洗澡的权利，则要留待人死入殓时才能享受。如此之说，是不是令您十分震惊？其实，虽说新疆远离海洋，虽说新疆大漠无垠，但是，

山脚下的生命之源

新疆的水资源总体还是十分丰富的。

人们都说：水，是生命之源。在新疆，没有水，就不会有绿洲；没有水，就不会有美丽的家园。水对于新疆、对于世世代代居住在这里的人们及各类生物和环境来说，是尤为珍贵的资源。

新疆有大小河流 570 多条，矿泉 270 多处，还有 100 多个大小不等的天然湖泊。2010 年，新疆水资源总量为 1124 亿立方米，其中，地表水资源量为 1063 亿立方米，地下水资源量为 624.3 亿立方米，地表水与地下水资源重复量为 563.2 亿立方米，地下水可开采资源量

252 亿立方米，冰川储量 21349 亿立方米（占中国的 50%），人均水资源量 5120 立方米。地表水和地下水资源可以相互转化、重复利用，重复利用率可达到出山口水量的 130%—150%。

新疆的湖泊总面积约为 5000 平方千米。新疆的永久积雪和冰川有 2 万多平方千米，占中国冰雪面积的 41%。新疆的冰雪总量约为 2 万亿吨，占中国的 43%。湖泊主要分布于盆地或中山地带。永久积雪和冰川对河水径流起着良好的调节和补给作用。河流的补给来源主要是季节性融雪和降雨，冰川融水较少，而且各山系河流径流量的补给比例差异也比较大。阿尔泰山区的河流以季节性融雪和雨水从地表补给为主，而昆仑山区的河流，冰川融水补给比重最大。新疆的 570 多条河流中，年径流量在10亿立方米以上的共18条，其年径流量之和占新疆河流每年径流总量的60%左右；年径流量在1亿立方米以下的有487条，其年径流量之和占新疆河流每年径流总量的10%左右。

摆出了这么多数字，简单说来就是：新疆的水资源种类丰富，既有空中水、地面径流、地下水，也有湖泊、永久积雪和冰川，水资源总量还是很可观的。

但是，新疆水资源的分布，无论在空间上，还是在时间上，都不是均衡的。

一般说来，降雨多，水自然就多。衡量降雨的多少，我们常常用年降雨量表示。从空间地域上来看，新疆降雨呈现的是山区多于盆地、北疆多于南疆、西部多于东部三大特点。河流的分布情况也与此相应。这都是以干旱为特征的大陆性气候造成的。新疆山区降雨十分丰富，山区年降水总量占到新疆年降水总量的80%以上。无论是北部的阿尔泰山系，南部的昆仑山系还是中部的天山，在中山带或高山中都有十分丰沛的降水。新疆570多条河流的径流都源于山区，这些径流是人们灌溉农田的主要水源。而与此相对应的，是盆地降雨较少，所以盆地是干旱的面貌。在出山口以下的冲积扇及平原、戈壁和沙漠等地区的降水，几乎全部都渗漏和蒸发损失掉，一般不产生径流，因此，新疆地表水资源基本产生于山区。这也就是我们要到大山里才能看到潺潺河流的原因了。只要山区降雨丰沛，新疆的水资源供给就有保证。在准噶尔和塔里木两大盆地，那些发源于山区的河流出山后多在盆地边缘地带逐步消失，流量稍微大些的则可以在河流的尾端形成湖泊，例如著名的艾比湖、乌伦古湖、博斯腾湖等都是如此形成的，现在已经干枯的罗布泊也是如此。因而，我们常常说，新疆一个重要的水文特征是绝大多数河流都是内陆河；也常常说，在新疆的干旱地区，蒸发大是一件很具有破坏力的事情。广阔的沙漠、戈壁地区，既没有地面上的河流，也没有地下水的溢出，因而其蒸发量仅能与当地数量不

大的降水量相当。

讲完新疆降雨及河流分布在空间上的特点，再从时间上说，新疆大部分地区的降水主要集中于春夏两季，南疆和天山山区主要集中在夏季，北疆西部和沿天山一带春夏降水量相差不大。从月份分布来看，南疆和天山山区降水集中在 5 月—8 月，而北疆降水集中在 4 月—7 月。在这集中降雨的几个月里，降雨量可以占到该地区全年降水量的 70%。当然了，这时候的高山山区仍然是以降雪为主的。阿尔泰山系的径流量以晚春时为最大，而天山、昆仑山系诸河的水量均以夏季为最大。

刚才说到，新疆的地表水资源主要分布在山区。以各山区的产水量而论，天山产水量最多，超过新疆总量的 50%；南部的昆仑山次之，占新疆水量的 30%；北部的阿尔泰山系及准噶尔西部山区占新疆产水量的 20%。

生命的演绎

以天山山脊为界，北疆产水量与南疆产水量约各占一半，但是，北疆土地面积仅占新疆总面积的 36%，而南疆则占 64%，所以，北疆地区单位面积产水量比南疆多近 1 倍。这也是我们之前说的新疆水资源分布极不平衡，呈现“北富南穷”的状况。以策勒—焉耆—奇台划分，此线的东南与西北部分的面积大致相当，而西北部的产水量占新疆产水量的 93%，东南部只占 7%。这再次说明了新疆水资源地域差异十分悬殊。而西北部水资源又特别集中于两大河流——伊犁河 170 亿立方米，额尔齐斯河 119 亿立方米，两河相加就占新疆地表水资源的 32.7%。

与地表水相对应的，就是地下水资源。地下水在农业生产中具有十分重要的作用。因此，每个地区或县市，都希望自己域内有丰富的地下水资源，这对当地人们的生产生活以及生态环境都有十分有益。如果按照行政区划来统计，伊犁哈萨克自治州直属县、市，阿克苏地区的库车、沙雅、新和，以及温宿、阿瓦提、阿克苏等县是地下水最丰富的地区，平均补给超过 30 万立方米 / 平方千米。如按天山山脊线将新疆分为南疆与北疆两部分，则南疆平原地下水补给量占新疆总量的近 60%，北疆则占 40% 左右。

如从地形和地质构造等方面考虑，可以把新疆的地下水分为山区地下水和平原（盆地）地下水两部分。山区的降水或融雪除主要部分蒸发或变成径流外，有一部分先是变成山区地下水，在出山前再变成河水。河流山口处的径流量有 30% 以上是从山区地下水转化而来的。另外，每年还有部分山区地下径流直接渗入盆地，成为盆地地下水的一个来源。盆地地下水主要来自河水出山以后在河床、渠系与农田中的渗漏。平原地下水的出路是蒸发，其具体途径可以是经人工提取作灌溉用，也可以是经沼泽、林区、湖泊等地而最终返回大气。

说到地下水，一定要提提新疆的“地下长城”——吐鲁番的坎儿井。坎儿井是新疆利用地下水灌溉的最著名的实例，也是中国最长的地下

坎儿井——中国古代三大工程之一

灌溉系统，与横亘东西的万里长城、纵贯南北的大运河并称中国古代三大杰出工程。坎儿井的结构，大体上是由竖井、地下渠道、地面渠道和“涝坝”（小型蓄水池）4 部分组成。吐鲁番盆地北部的博格达山和西部的喀拉乌成山，春夏时节有大量积雪和雨水流下山谷，潜入戈壁滩下。人们就利用山的坡度，巧妙地创造了坎儿井，引地下潜流灌溉农田。坎儿并不因炎热、狂风而使水分大量蒸发，因而流量稳定，保证了自流灌溉。坎儿井是开发利用地下水的一种很古老的水平集水建筑物，适用于山麓和冲积扇缘地带，主要是用于截取地下潜水来供给农田灌溉和居民用水。根据统计，新疆共有坎儿井 1700 多条，总流量约为 26 立方米 / 秒，灌溉面积约 33333 公顷。其中，大多数坎儿井分布在吐鲁番和哈密盆地，如吐鲁番盆地共有坎儿井 1100 多条，总流量达 18 立方米 / 秒，灌溉面积 31333 公顷，占该盆地总耕地面积的 67%，对发展当地农业生产和满足居民生活需要等都具有很重要的意义。

水，不仅是生命之源，更是绿洲之命脉。水资源的分布状况和利用程度，在很大程度上决定着新疆经济和社会发展的规模、速度与程度。

万物之本——广阔的土地资源

《管子 · 水地篇》中说：“地者，万物之本原，诸生之根苑也。”意思就是说：地，是万物的本原，是一切生命的植根之处。我们也常常说：土地是人类的衣食父母，土地是一切财富之源，土地是过去的一切，土地是将来的全部……

新疆土地资源总面积 16648.97 万公顷，其中平地最多，占新疆土地总面积的 56.5%；其次为山地，占新疆总面积的 38.4%；丘陵面积最小，只有 858 万公顷，占新疆总面积的 5.2%。

收割后的大麦田

伊犁绿洲

地域广阔的新疆，常常以南疆、北疆、东疆来划分。南疆5个地州面积10633.9万公顷，占新疆总面积的63.9%；其次为北疆地区，占新疆总面积的23.5%；东疆面积最小，占新疆土地总面积的12.6%。

人的衣食住行，都离不开土地的支撑。新疆的农用地面积6308.48万公顷，占土地总面积的37.89%，而建设用地面积123.98万公顷，仅占新疆土地总面积的0.74%。还有土地总面积的61.36%，都是未利用地，达到10216.51万公顷。从地区来看，南疆的土地利用程度最高，利用率为80.5%；其次是北疆，为31.2%；东疆最低，只有 28.7%。

在新疆广袤的 6308.48 万公顷的农用地中，可以供人们耕作的土地仅有 412.46 万公顷，占农用地面积的 6.54%；园地面积 36.42 万公顷，占农用地面积的 0.58%；林地面积 676.48 万公顷，占农用地面积的 10.72%；牧草地面积 5111.38 万公顷，占农用地面积的 81.02%；其他农用地 71.75 万公顷，占农用地面积的 1.14%。人均耕地面积为 0.18 公顷。由这些数字可以看出，新疆农用地中，还是以牧草地为主。“天山南北好牧场”堪称壮观。

说到新疆，人们常常会想起绿洲。绿洲是干旱荒漠地区的一种地理景观类型，近代不少学者将其称为“沃洲”或“沃野”，即荒野中肥沃的土地。维吾尔语则把绿洲叫作“博斯坦”。新疆农田基本是水

新疆林地

浇地，占耕地总面积的95%，主要分布于山前倾斜平原，各大河流低阶地和中下游地势平坦、引水方便的冲积平原。在冲积平原的上游和高阶地的有伊犁、乌什绿洲；在河流出口的冲积扇或冲积—洪积扇中下部的有喀什、和田、玛纳斯等绿洲；在河流末端，耕地在三角洲上部和脊部的有岳普湖、伽师等绿洲；在大河出口形成的扇形三角洲上部、中部的有阿克苏、库尔勒绿洲等。

新疆广阔的林地中，天然林面积约占52.8%，灌木林面积约占34.2%，其余为疏林地和采伐林间空地。42%的林地分布于山区，主要集中在西部天山和阿尔泰山。天山和阿尔泰山区覆盖着葱郁的原始森林，多为主干挺直的西伯利亚落叶松和雪岭云杉、针叶柏等建筑良材。58%的林地分布于平原，主要集中在南疆的农区和大河沿岸。塔里木河两岸保留着世界上面积最大的胡杨林区，它们既是用途广泛的用材林，也是大漠深处的防风林。近年来，新疆城乡广泛开展了绿化

金秋的牧场

戈壁岁月

造林运动，一排排的防护林纵横交叠，一片片的经济林、薪炭林绿波浩淼，为古老城镇、亘古荒原平添了新装。

新疆因其瓜果香甜、牧场肥美、粮产丰厚而闻名遐迩，这一切都源于丰饶的土地。也许，对于第一次坐火车来新疆的朋友来说，当您在火车上远眺时，那一眼望不到边际的荒无人烟的戈壁和沙漠仿佛永远走不到尽头。其实，在新疆，就连未利用地也不是绝对的静寂，那浩瀚神奇的沙漠、多姿多彩的戈壁，从古至今始终诱惑着探险者的心。

着眼于一个美好发展的未来，新疆人民持之以恒地用心保护脚下的土地，为了自己安身立命，也为了接纳四方宾朋。

阳光普照——太阳能的“聚集地”

太阳，对每一个地方都是公平的，它为人类提供光和热，哺育地球万物的生长。太阳，对地球上的所有地方又是不公平的，有的地方阳光稀缺，有的地方却得天独厚。新疆，就属于格外受太阳眷顾的地方。

说起新疆的美丽，您一定向往蓝天白云、阳光明媚、碧波荡漾、草绿花香的绝好美景。是的，阳光普照，万物生机盎然，新疆有着取之不尽、用之不竭的光热资源。

新疆的太阳能资源十分丰富，全年日照时间较长，日照百分率为60%—80%。新疆每年有250—325天日照6小时以上，年总日照时数达2600—3400小时，远高于中国平均水平。新疆太阳能年总辐射量为5500—6600兆焦／平方米，居中国第二位，具有很大的资源开发潜力。

新疆太阳能利用前景最好的是东疆和南疆东部一带。太阳能总辐照的程度，大致是由东南向西北不均匀递减，最大处就在哈密地区。有这样的光热资源作基础，新疆的瓜果才格外香甜。吐鲁番的葡萄哈密的瓜，货真价实顶呱呱！

光照好，自然温度也高，但是新疆幅员辽阔，地势高差悬殊，因而热量资源分布差异很大。新疆以吐鲁番盆地热量最为丰富，10℃以上的积温达4500℃—5400℃；其次为塔里木盆地，10℃以上的积温达4000℃以上。新疆冬夏温差悬殊，可满足多种作物生长需要。夏季比同纬度地区热，冬季比同纬度地区冷，春秋温度升降迅速。

另外，新疆两大盆地冬季“冷湖”作用使山地逆温比较明显，天山北坡中心带比盆地气温高出5℃—8℃。山地逆温资源对种植果树、开辟冬牧场，以及春秋季早熟或晚熟作物种植都是极为有益的。新疆晚熟的甜瓜、甜杏等瓜果，可是在市场上价格不菲却供不应求呢！

新疆的日照十分强烈，因而人们也常常寄期望于光伏产业的巨大

新疆的葡萄格外甜

发展。但是在目前，人们从光热资源受益最多的，当然还是农作物和牧草的生长与收获了。这里独特的光热，造就了声名显赫的各色水果和干果。想畅快淋漓地大饱口福的朋友们，快点儿来新疆吧。

降服恶风——新疆的风能资源

新疆不仅光热资源首屈一指，就是那呼呼作响的大风，也不是等闲之辈。特别是北疆和东疆的风口、风区，年平均风速在6米/秒以上，哈密十三间房最大风速超过40米/秒。“一川碎石大如斗，随风满地石乱走”，是对新疆大风猛烈程度的真实写照。

新疆风能资源总储量达到8.7亿千瓦，技术开发量1.2亿千瓦，年平均风功率密度≥150瓦/平方米的面积约7.8万平方千米，年均有效风能10800兆焦/平方米，是中国风能资源最为丰富的省区之一，开发利用前景是相当可观的。

新疆之所以能形成十分可观的风区，还是源于“三山夹两盆”的地形影响。此外，新疆处于中纬度地区，冷锋和低压槽过境较多，加大了南北向或东西向的气压差，因而在一些气流畅通的峡谷、山谷和山口等地，气流线加密，风速增强，形成了可以为人们所利用的风能资源。

新疆年平均风能密度在 260 千瓦时 / 平方米以上，风能总蕴藏量在 9000 亿千瓦时以上。但新疆风能资源分布极不均衡，由于地形影响，风能丰富区呈不连续岛屿状分布。另外，风速季节性变化大。多数地区春季风大，有效风能密度占全年的 35%—45%，夏季次之，冬天最少，仅占全年有效风能密度的 5%—15%。

新疆风能资源主要集中在九大风区，即乌鲁木齐达坂城风区、阿拉山口风区、十三间房风区、吐鲁番小草湖风区、额尔齐斯河河谷风区、塔城老风口风区、三塘湖—淖毛湖风区、哈密东南部风区和罗布

柴窝堡风力发电站

泊风区。这九大风区的特点是：风功率密度大，年平均风功率密度均在 150 瓦 / 平方米以上；风况好，有效风速小时数在 5500 小时以上，具备建设大型风电场极好的风能条件。

乌鲁木齐达坂城风区，面积 1938 平方千米，风能资源储量 525 万千瓦，技术开发量 412 万千瓦。由于本区紧靠乌鲁木齐市，又在兰新铁路沿线上，因而它是当前最有开发价值和风能利用前途的风区，属风能资源次丰富区和丰富区。目前新疆的风电场基本上都位于这个风区内，其中风况最好的是达坂城风电一场和二场。达坂城风区位于天山和东天山之间的谷地中，西北起于乌鲁木齐南郊的乌拉泊，东南至达坂城山口，东北侧为博格达山。谷地长约 80 千米，宽约 20 千米，是南北疆冷热空气对流的通道。当北疆准噶尔盆地气压高于南疆时，谷地盛行西北风；当南疆气压高于北疆时，常刮东南风。该风区年有效风能密度为 1500—3000 千瓦时 / 平方米。

阿拉山口风区，面积 3311 平方千米，风能资源储量 959 万千瓦，

风能利用

技术开发量 753 万千瓦。该风区位于巴尔鲁克山与阿拉套山之间的乌朗库勒谷地，长约 100 千米，宽约 30 余千米，年有效风能密度达 2000—3600 千瓦时／平方米，属全疆风能最丰富地区。

十三间房风区，面积 5905 平方千米，风能资源储量 1339 万千瓦，技术开发量 1051 万千瓦。该风区位于了墩至十三间房约 100 千米的兰新铁路沿线，年有效风能密度为 1000—1600 千瓦时／平方米，属风能资源次丰富区。铁路沿线各大小车站大多缺乏供电设备，利用风能发电解决沿线车站的照明有很大的意义。

吐鲁番小草湖风区，面积 892 平方千米，风能资源储量 255 万千瓦，技术开发量 200 万千瓦。该风区包括吐鲁番西北的后沟至三个泉的“三十里风区”、白杨沟至托克逊风区和吐鲁番南部的艾丁湖风区，年有效风能密度 1500—3000 千瓦时／平方米以上，春夏之间的有效风能密度高达 6000—9000 千瓦时／平方米，属风能资源丰富区。

额尔齐斯河河谷风区，面积4276平方千米，风能资源储量809万千瓦，技术开发量635万千瓦。该风区包括哈巴河、布尔津、吉木乃、黑山头等地，主要集中在河谷两岸海拔1000米以下的低处，全年有效风能密度为1000—1500千瓦时／平方米，属风能资源次丰富区。

塔城老风口风区，面积4014平方千米，风能资源储量1075万千瓦，技术开发量844万千瓦。该风区位于准噶尔西部山地，北起和布克赛尔，南到克拉玛依及托里老风口地区，年有效风能密度为1000—1500千瓦时／平方米，属风能资源次丰富区。

三塘湖—淖毛湖风区和哈密南北戈壁风区，位于东天山南北两侧，与河西走廊相连，面积34007平方千米，年有效风能密度为1000—2500千瓦时／平方米，风能资源储量6239万千瓦，技术开发量4897万千瓦，属风能资源丰富区。

哈密东南部风区，面积11657平方千米，风能资源储量2040万千瓦，技术开发量1601万千瓦。

乡间小路上的能源利用

罗布泊风区，面积 11708 平方千米，风能资源储量 2049 万千瓦，技术开发量 1608 万千瓦。

新疆风能资源十分丰富和优越，具有较大的开发价值和潜力，远期开发前景更为广阔。积极开发风力资源，发展洁净的风力发电，具有长远意义。近年来逐步加快的风电场建设有力推动了新疆风电设备制造业的发展。以金风科技为代表的一批新疆风电设备企业抓住有利时机，迅速发展壮大，市场竞争力提升较快。新疆正朝着国家级风电设备制造基地的战略目标迈进。

富饶新疆
生物王国

走进新疆，您会发现这块亚欧大陆中心的广袤腹地，是一个野生动植物的王国。在亿万年的生物进化过程中，无数的生物物种或变异，或消亡，或被人类“驯化”。但是，在新疆独特的地理环境和气候条件下，许多珍稀的古老生物物种却依然保持着原始的风姿。如果您问我，新疆野生生物的特色在哪里？我可以告诉您，就在于它们的博大与坚强。亿万年来，它们与大自然抗争着、磨合着，顽强地与大漠、雪山、严寒和酷暑并存，那种饱经沧桑的美，是看得到、摸得着的；在科技非常发达的今天看来，它们的价值更是不可估量。当您饱览新疆的美丽风景之时，一定不要错过对新疆野生动植物的欣赏啊！

史前时期的孑遗——野生植物

如果说，新疆的野生植物是一个家族，那么这个家族的规模堪称庞大，其家族成员就达 4100 多位。当然了，这是仅就家族成员中的高等野生植物而言的，如果算上一些低等的成员，这个数字将更加庞大。在这些成员中，有 100 多位是新疆地区特有的。如果按照植物学的分类方法对这个家族进行细分，我们会发现，新疆野生植物家族中，有蕨类植物 16 科 23 属 45 种，裸子植物 3 科 10 属 41 种，被子植物 118 科 825 属 3258 种。

植物是地球上较早有生命的生物，是人类亲密的朋友。在亿万年的沧桑变化中，新疆的野生植物与人类和谐共处。在新疆地区，以云杉为主的天山森林，维护着这里生态系统的大循环；胡杨、梭梭、红柳等荒漠植物骨干，顽强地抵御着风沙的侵袭；小叶白蜡、野核桃、野巴旦杏等古老树种，诉说着远古的历史……

下面，我们就介绍几位颇具特点的新疆野生植物家族的成员，让您领略一下它们鲜为人知的风采。

溶在骨髓里的甜涩——野苹果

一位诗人厌倦了世俗的繁华，在一处山坡上修筑石屋，与一片野果树林比邻而居。起初，他并没有觉得有什么异样。但是，第二年的春天，他看到了这样美妙的景观：“密密匝匝的白花如浴女羞怯的凝脂，正在屋后摄魂地晃闪……”诗人有点儿自责：“怎么这么粗心呢？即便做了秘密之美的邻居也不知晓？”诗人被野果林惊人的美丽所感动，打消了去探访它的念头，却留下了一个期待：不久的将来，在一个大风骤起的黄昏，成熟的果子落到自己的屋顶，那么“我会饮着溪水，品尝那赐予我的，直到一种甜涩的滋味溶在骨髓里面……”

不错，这位诗人石屋旁的野果林，就是一片野苹果林。在新疆伊犁、塔城等地的宽平的沟谷坝子上，生长着漫山遍野的野苹果林，有的地方绵延达两三千米。新疆野苹果又称塞威士苹果，野苹果树的个头比家养的苹果树更加高大、硬朗，高的可达 15 米，树皮粗糙紫黑，还会自动脱落。每株野苹果树结果的数量不等，少的只有几十个，多

繁茂的野生林

新疆伊犁新源县野果林

的可达上千个。野苹果比家苹果小，最小的只有海棠果那么大。熟透的野苹果呈金黄色或者红色，果皮上会出现一层白霜，犹如姑娘的粉脸一般美丽。它的果肉也有红、黄绿或白色等多种类型。每当野苹果的成熟季节，树林中遍地落果，覆盖在绿油油的草地上，犹如绿地毯上铺满了各色的玛瑙，非常漂亮。

美国作家迈克尔·波伦曾说："野苹果看起来和吃起来，就像是上帝关于苹果是什么的最初的一些草稿。"这个概括是很形象的。新疆野苹果的历史可以追溯到距今 6500 万年到 180 万年前的第三纪时期，是货真价实的新疆苹果树的"老祖宗"。这种树能够在千万年的地质变迁中幸存下来，和它顽强的生命力与繁殖能力有很大关系。在成熟季节，野苹果的香味吸引来了野猪、棕熊等动物，它们会在野苹果树下美餐一顿。一些未经消化的野苹果的种子就随着动物的粪便，撒到了其他的地方，在那里发芽、生长。年深日久，一片片新的野苹果林就出现了，形成了以野苹果树为主的著名的天山原始落叶阔叶野果林区。

野苹果林是"纯天然"形成的，没有任何人工雕琢的痕迹。野苹果成熟季节，当您走在树林里，享受着幽静的氛围、纯净的空气和飘散的果香之际，您也许还会发现一些难得一见的奇观。比如，常有几株野苹果树的树干挨挤着长在一起，枝叶互相交错，就像情到浓时的情人，互相拥抱着。唐代（618—907）诗人白居易曾有"在天愿为比翼鸟，在地愿为连理枝"的诗句，描写唐玄宗与他宠爱的杨贵妃立下的海誓山盟。野苹果林中这种挨挤着生长的野苹果树，令人不禁想起诗人笔下的"连理枝"。看来大自然巧夺天工的设计，带给我们的不仅仅是美的享受，还有更多的启示……

人类的科技越来越发达，但是离野苹果林这样天然的宝藏就越来越远。迈克尔·波伦就担忧，人类对苹果树的驯化已经走得太远，以至于失去了"那种至关重要的可变性：野性"，这样反而会危及苹果这个树种在地球上的生存。而新疆的野苹果是中国经济林资源中唯一天然的基因库，是世界野苹果基因库的重要组成部分。在新疆的野苹果林中，有一种比较矮的个体，人们把“金冠”苹果嫁接在这上面，长到半米高的时候就可以结果实了。这就是野苹果树中矮化遗传基因的作用。

除了能够为我们提供苹果天然的基因外，新疆野苹果林还以其悠久的历史，对揭示亚洲中部荒漠地区山地阔叶林的起源、植物区系的变迁等科学问题，有一定的参考价值。所以，这种古老的树种，是真正的中华国宝，目前已经被列为国家二级保护植物。

冰河时代的“幸存者”——野核桃

美国动画电影《冰川时代》用拟人化的手法，叙述了在史前的冰河时期，几只史前动物的传奇经历。电影中出现的生物物种虽然并非真正曾经在同一时空生存，但是其宏大的画面却表现出在人类出现之

如诗如画的野果林

前，地球处于冰川期的情形。我们知道，地球诞生40多亿年以来，气候一直在变迁中，温暖和寒冷交替出现。在数十万年以上的极长周期气候中，有大冰川气候周期和冰川时代气候周期。每到冰川期，地球上的动物和植物就像《冰川时代》中所描述的那样，会被大批地冻死，无数的生物物种因此灭绝，个别物种侥幸留下的些微孑遗，就成为我们今天研究史前时期最宝贵的“活化石”。

在新疆伊犁河谷巩留县的深山密林处，有一处三面环山、向西敞开的山间谷地，就留存了这样一片从第三纪冰川期幸存下来的物种——野核桃。当地的哈萨克牧民称这个地方为“江嘎德萨依”，意思就是“野核桃沟”。在总面积达1180公顷的野核桃沟里，生长着将近1万棵枝干茂密、高低参差的野核桃树。大树雄伟苍劲，最大的一株高达20多米，要3个人才能合抱过来，树冠遮蔽的区域，有三四百平方米，树龄已达300多年；小树有的是大树的落果所生，有的则是从大树的根上派生出来的，像是依偎在母亲怀里的孩子。野核桃林里青草遍地，如铺上一层绿色的地毯；鸟鸣婉转，像大自然奏响的天籁；潺潺流淌的清澈溪流、蜿蜒曲折的小径，更给这片树林平添了几分神秘、纯净和古朴的野趣。

这片美丽的野核桃林的“身世”更加惊人。在数千万年以前，当人类还没有在地球上出现的时候，“江嘎德萨依”附近的广大地区就曾经是野核桃的世界。后来，由于地壳的变动和冰川作用，附近的野核桃树被摧残殆尽。但是，独特的地理环境为这片野核桃林提供了天然屏障。这里地处天山北坡，海拔1400—1700米，四周有高山环绕，可以抵御冰川的侵袭；沟谷大致呈南北走向，南高北低，顶部由3条支沟汇合而成，有助于形成充沛的地形雨；到了冬季，这里处于一个较强的“逆温层”中，能够抵御严寒的侵袭；沟谷内泉水丰富、光照充足、土地肥沃；这种得天独厚的自然环境，使沟内的野核桃树能够穿越数千万年的沧桑变化，幸存下来。现在，野核桃树虽然在其他地方也曾有发现，但是像新疆巩留县这样成片成林的野核桃林，在中国乃至整个亚洲也只有这一处。

野核桃树是今天核桃树的始祖，由于年代久远，携带着史前的核桃基因，因而被植物学界视为核桃的“活化石”。从外表看来，野核桃树和人工栽培的核桃树没有多大区别，只是野核桃树的树叶背面的叶脉上，生有柔软的黄色绒毛。野核桃树的果实比人工栽培的核桃小，有卵形、椭圆形，甚至还有尖嘴形。野核桃的壳一般比家养的核桃薄一些，核桃仁却更加饱满。如果把两枚野核桃攥在手里，用力一捏，核桃壳就会破裂，露出黄澄澄的核桃仁。野核桃仁清香中带有脆甜味道，味美可口，是许多家养的核桃没法比的。野核桃还有很高的营养价值，蛋白质含量在17%—27%，脂肪含量高达百分之六七十，还含有丰富的钙、磷、铁、钾以及多种维生素成分。

在当地的牧民中，还流传着一个“喜鹊种核桃”的说法。每当野核桃成熟的季节，成群的喜鹊会来到这里，啄食这些美味的野核桃。当饱食的鸟儿衔着核桃准备回巢的时候，常常有一些野核桃果实掉落在草丛中。第二年春天，往往会有野核桃树的小苗从地上生长出来，帮助这片古老的丛林传宗接代。这也许是这个具有顽强生命力的物种能够千万年中代代相传、生生不息的原因之一。

这片蓊郁葱茏的野核桃林，经历了数十万年冰川和严寒的侵袭而幸存下来，承载着千万年的历史记忆，如今已成为一处难得一见的旅游胜地。它是自治区级自然资源重点保护区和国家4A级景区。如果您到了那里，会发现它与周围的沙漠、草原、森林、雪山截然不同，这里温暖湿润，宛如传说中的“世外桃源”。站在林中，当大大小小的野核桃树淡定、从容地出现在面前的时候，您也许会忘记世俗的烦恼，进入一种心灵与自然和谐一体的境界。

浴火重生的植物“活化石”——野巴旦杏

新疆维吾尔人十分喜爱食用巴旦杏杏仁，将其视为人间圣果。至今，新疆地区还流传着一种说法，那就是每天嚼10粒巴旦杏仁，坚持一个月，可以帮助人祛病强身、提升睡眠质量。

野生巴旦杏在地球上已经有6000多万年的历史，家养巴旦杏在中国栽培的历史至少可以追溯到距今1300多年的唐朝时期。唐代作家段成式在他的名著《酉阳杂俎》中称它为“偏桃”，还描述了巴旦杏的树、花、果实的情状和味道，并说西域各族人民都把它视为“珍果”。唐代另一名著《岭表录异》则称巴旦杏为“偏核桃”，中国的宫廷称它为“珍异”之果。这些记载足以说明巴旦杏在中国人工栽培的历史很悠久。

巴旦杏的名字虽然有个“杏”字，但是它的果实小，呈扁圆形，在植物学分类上属于桃属，学名叫作“扁桃”，段成式称它为“偏桃”，是有道理的。现在新疆巴尔鲁克山区的裕民县一带，发现了大片的史

新疆莎车县“巴旦木花节”

前时期的孑遗野生巴旦杏林。这说明，在距今6000多万年以前的史前时期，巴旦杏林就生长在这片土地上。

新疆境内的巴旦杏林在这片土地上繁衍生息了6000多万年，人类在这里活动的历史也有上百万年，但是在如此长久的时间里，人们竟然不知道这种貌不惊人的小果树是什么树。在被发现之前，这里是牧人的乐园，成群的牛羊在林间穿梭觅食。牧羊人口干舌燥的时候，会采摘一些果实，品尝那清甜幽香的味道。

半个多世纪前，这里纳入专家的视野。据考证，巴尔鲁克山区这万余亩的野巴旦杏林，是世界上面积最大的野生珍稀植物资源。它与野苹果、野核桃一样，同属第三纪新生代孑遗物种，被称为植物“活化石”。

在数千万年以前，巴尔鲁克山区属于古地中海的一部分，气候温暖湿润，到处生长着亚热带植物。野巴旦杏和其他一些史前物种，广泛分布于这里。然而，随着第四纪的造山运动和冰川时代的到来，当地的地形和气候发生了很大变化，古地中海消失了，取而代之的是一片广袤的荒漠，大量亚热带植物灭绝了，植物群体发生了很大的变异。在这场巨大的变迁中，巴尔鲁克山区温暖湿润的山溪谷地，保护了这里的野生巴旦杏林，使它们成为极为稀少的幸存者，而其他一些地方的野生巴旦杏林，多数已经成为了化石。

野生巴旦杏林能够繁衍至今，另外一个原因就是它具有顽强的生命力。野生巴旦杏的繁殖能力极强，而且生长很快。它还有一个特点，就是具有很强的“排他性”，只要是野生巴旦杏林生长的地方，即使也具有适合其他植物生长的条件，别的物种也很难混生进来。如果到了野生巴旦杏林的自然保护区，您会发现林中的野巴旦杏树一棵挨着一棵，根本找不出其他植物。这个特性，帮助野生巴旦杏排除了其他物种的侵袭，虽然经历了数千万年的变迁，仍然顽强地活了下来。

野生巴旦杏林顽强的生命力，使它能够“浴火重生”。裕民县野巴旦杏自然保护区自 1980 年设立以来，曾遭遇过 4 次火灾。最严重的一次发生在 2000 年 8 月上旬，一场大火从哈萨克斯坦境内的草原上烧起，绵延到中国境内的野生巴旦杏林。当地消防部队和生产建设兵团奋战了 3 天 3 夜，才把大火扑灭。但是，珍稀的野生巴旦杏林却几乎损失殆尽。如果它们就此灭绝，对人类来说是不可估量的损失。幸运的是，野生巴旦杏顽强的生命力又显示出了神威。由于扑救及时，大火只是将野巴旦杏的地上部分烧毁，没有伤及它的根系。野生巴旦杏根萌蘖能力很强，地上被焚烧的野草成为它的天然养分。于是，命运多舛的野生巴旦杏林终于在第二年的春风中萌芽，再发新枝，奇迹般地活了下来。

野生巴旦杏来自远古史前时期，它的基因大大丰富了植物基因库，把它嫁接到同科果树上，会增加果树的抗病虫害能力和抗严寒性。另外，野生巴旦杏的花期长、落叶晚，每年四五月间，它开始在巴尔鲁克山区的雪山绿草间灿然绽放，粉红色的花朵在绿叶的扶持下，展现出迷人的风采。到了秋季，树叶会变成鲜红色，让无数游客流连忘返。为了保护这种珍稀的史前植物，中国政府已经把它列为国家级保护野生植物。

大自然赐予的药库——药用植物

在现代医药技术出现之前，几乎所有的古代国家都是靠来自药用植物的草药与疾病作斗争。在中国古代神话中，就有神农尝百草的故事。

相传神农氏是远古传说中的太阳神，也是三皇五帝之一的炎帝。他人身牛首，长大后，身高八尺七寸，龙颜大唇。最为奇特的是，他的肚子几乎全是透明的，五脏六腑都能看得清清楚楚，甚至还能看见吃进去的东西。

那时候，五谷、杂草和药物全都长在一起，人们也分不清哪些可以吃，哪些不可以吃。因此，人们经常会因吃错东西而生病，甚至丧命。老百姓的疾苦，神农看在眼里，痛在心上。于是，他决心尝遍百草，帮助百姓区分哪些是能吃的野菜，哪些可以作为药材，哪些是不能吃的毒草。神农跋山涉水，历尽千辛万苦，终于尝遍了所有的植物，在区分了哪些可以做野菜吃之外，他还建立了明晰的草药系统，这就是中国利用草药治疗疾病的开端。

在中国漫长的历史上，最近几百年才开始引入西药，治疗疾病。在此之前，人们一直是利用中药来治疗各种疾病的。在中药这个大家族中，植物占大多数，因此也常常被称为草药。自古以来，中国人对草药总是怀有一种特殊的情愫，崇敬而又好奇。

在新疆这个不可思议的奇妙地域，生长着1721种药用植物。或许，这应当归功于它那古老而又奇特的自然环境吧。在大宗药用植物中，有我们耳熟能详的甘草、伊贝、红花、麻黄、肉苁蓉、岩白菜、罗布麻和枸杞子；在特有药用植物中，有我们了解较少的紫草、贝母、雪莲、阿魏、新疆虫草、索索葡萄、一支蒿和管花肉苁蓉等。其中，有几种草药经常出现在古装戏中，每当听到它们的名字，人们就会联想到它们那神奇的功效。接下来，就让我们一一讲述吧。

“百草之王”“药中极品”——天山雪莲

在许多武侠小说或古装戏中，都有这样的桥段：一位善良的主人公，受了重伤或因患上绝症而命悬一线。就在奄奄一息之时，有高人指点，说只要能够得到一朵天山雪莲，就能起死回生。于是，那位深爱着主人公的人，就会不顾一切，历经万难，爬上天山，寻找那朵传说中的雪莲。最后，在皑皑的白雪中，终于发现了一朵，轻轻采下，小心翼翼揣入怀中，带给主人公。只要放到鼻翼，轻轻一闻，或者吃一小片花瓣，那位将死的主人公，就会慢慢睁开双眼，重新活了过来。

然而，世上果真有如此神奇的花朵，能起死回生吗？

是的，这朵被赋予了神奇力量的雪莲，就生长在新疆的天山之上。传说，雪莲花是王母在天上沐浴时的专用花，当她沐浴时，说不定什么时候，就会有一朵雪莲溢出浴缸，飘落到天山。而天山极顶，是王母梳妆台上的一面充满灵性的镜子，每当它看见美丽的雪莲流逝时，就会发出惊异的叹息，此时天山就会发出奇异的光芒。所以，传说中，每当天山异光乍现后，就会有一朵雪白美丽、像荷花一样的雪莲花绽放。千百年来，在新疆的牧民心中，雪莲花是上天赐予的神物，只要闻一闻，或吃上一口，就能神清气爽，百病全无。因此，当高山牧民

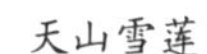
天山雪莲

们在行路过程中遇到雪莲，会被认为是祥瑞之兆；若饮过雪莲苞叶上的露珠水滴，则被认为可以驱邪益寿。

生长在雪线的雪莲，圣洁无瑕，傲立风雪，还被认为是坚贞爱情的象征。在新疆地区流传着这样一个动人的故事：相传，在很久以前，有一位哈萨克青年，十分痴情。他的心上人在临终时，有一个愿望，就是想看一看天山上的雪莲花。这位痴情而又勇敢的青年，为了满足心上人的愿望，不顾所有人的劝阻，翻山越岭，跋涉了 99 天，终于攀上了鸟儿也飞不过的天山，在悬崖之巅，采摘下了一朵盛开的美丽雪莲。青年带着雪莲花日夜兼程，直到秋天才回到家中。可是，当他进入家门才得知，心上人早已香消玉殒。正当青年伤心没能与心上人见最后一面时，家人送来了姑娘临终时的一封遗书。她深情地写道：“我的爱，你就是那朵我心中的雪莲。你的善良，就是雪莲的芬芳。”

天山雪莲，承载了许多动人的故事与传说，它在人们心中是神圣而珍贵的。它生长在终年有积雪的天山雪线附近，因为绽放于积雪之中，所以更加让人惊诧与敬佩。此外，它常常生长在高山冰碛地带的悬崖峭壁、沙砾坡地之上，因为盛开在惊险之处，所以更加难得，更显珍贵。再加上传说它能治愈一切寒症，所以，世世代代，人们将其视若珍宝。

在新疆，天山雪莲还有另外一个名字，叫“雪荷花”，维吾尔语称其为“塔格依力斯”。它看上去像是孕育在冰雪中的一朵荷花，傲霜斗雪，顽强生长。即便是在零下几十度的严寒中和空气稀薄的缺氧环境中，它依然美丽绽放，不屈不挠。它这种倔强的性格，造就了它独特而神奇的药用功效，使它成为“百草之王”“药中极品”。

神奇的“隐身”草药——新疆贝母

在巍峨险峻的天山和阿尔泰山，生长着一种叫作贝母的草本植物。它的叶子很茂盛，花朵很小。在不识货的人眼中，它不过是一株不起眼的野草，然而，在认识它的人眼中，它可是名副其实的宝贝。贝母具有清热、润肺、止咳、化痰的功效，在古时候，那可是人们治病的良药。因此，新疆天山的野生贝母，成了抢手货。早在清代时，它就通过古代著名的丝绸之路运往全国各地，尽管价格不菲，但仍备受青睐。新疆的贝母分为伊犁贝母、费尔干贝母、轮叶贝母和滩贝母。在庞大的贝母家族中，新疆贝母是最为珍贵最为著名的一员，与川贝、浙贝旗鼓相当。在新疆的贝母家族中，除了滩贝母喜欢生活在沙滩涯地之外，其他的3种都喜欢生活在湿润的山地草原或灌木丛中，好像不爱张扬的隐士一样，躲藏在众多的草木之中。即便如此，它那神奇的功效，仍然让其名扬天下。

野生扭叶贝母

大白花贝母

有关贝母的由来，在民间流传着一个动人的传说。相传，在古时候，有一户姓李的人家，这家的儿媳李氏，不幸患了肺痨，接连孕育了3胎，都是死婴。那时人们对医学知之甚少，并不知道是何缘故导致如此。有一个老巫婆听说了这件事后，主动上门，对李氏家人妄称她有安胎神术。老巫婆对李氏的公婆说："你儿媳属虎，虎要吃人，才致使婴儿丧命。只有服下驯虎符，再生下孩子后，让母亲远离孩子，方可逢凶化吉。"公婆信以为真，重谢了巫婆。不久后，李氏又怀孕了。第二年，李氏生下了一个男孩。为了保住孩子，公婆命儿子用草绳把儿媳绑上，送进了深山老林之中。李氏孤身一人被丢弃在深山之中，既害怕又不知如何是好，伤心地抽泣着。恰巧，一位上山采药的老中医遇见了李氏，听她讲了来龙去脉后，断定李氏患的是肺痨。于是，他将李氏带回家中，每天从山上挖回一种草药鳞茎，煎成汤，给她服用。半年之后，李氏的肺痨就痊愈了。于是，李氏又回到了公婆家，可当她想见孩子时，被告知孩子因没有母乳喂养，已经夭折了。李氏公婆也为相信巫婆的谗言而后悔不已。李氏回家后的第二年，又生下一个男孩，这个男孩又白又胖，而且十分活泼。李氏十分感谢那位救她的老中医，如今宝贝和母亲的健康团圆，多亏了老中医给她服用的那种草药，于是便将那草药鳞茎命名为"贝母"。从此，贝母名声大震。

人们在得知贝母神奇的功效后，成群结队地到山上去采挖，因此，纯野生的新疆贝母已经越来越少了。可是，它的数量减少了，人们对它的需要却在增加。尽管如今科技发达，有许多高效药，但是贝母在中医领域里仍然占有不可取代的地位。所以，人们只能另辟蹊径。在20世纪50年代末期，人们终于找到了两全其美的办法，就是人工栽培，在医药科研部门的不懈努力下，终于取得了成功。有了这个好办法，人们就能继续使用贝母，并且不必担心它的灭绝。

美丽的花、神奇的效——新疆红花

在新疆，有一种被叫作"扎郎子古丽"（维吾尔语，意思是"美丽的花"）的奇花。这种花喜欢生活在阳光充足、气候干燥的环境中，

红花采摘

花茎笔直，有许多分枝，花叶边缘布满了锐利的小刺，花朵开在顶部，颜色鲜艳明丽。这种花在汉语中叫作“红花”。

传说红花原本是王母娘娘栽培的一盆仙花，在孙悟空大闹天宫的时候，不巧被金箍棒打翻，落在了新疆塔额地区。有一天，一只在争斗中受伤的狼发现了崖上的这朵花，不禁上前闻了闻，又舔了舔花瓣上的露珠。两天后，狼的伤口竟奇迹般地快速愈合了！狼把这件事告诉了它的同伴们，消息立刻在动物界传开了。于是，这朵神奇的红花成为了动物界里公开的秘密。狼族为了永远拥有这朵花，决定每日轮流守护它。

转眼间到了清朝乾隆年间（1736—1796），在准噶尔盆地的一个王国，降生了一个非常美丽而又可爱的小公主，取名叫“扎郎子古丽”。小公主 13 岁那年，来月经了。不幸，随之而来的还有痛经这个毛病。每当来月经时，小公主都痛得直打滚。国王为她请了最好的医生，用了各种名贵的药，但均疗效甚微。不久，公主原本美丽的脸庞，长满了黑斑。伤心的她终日啼哭，不敢以貌示人，只好用一方丝巾将脸遮住。一天，国王出城狩猎散心，俘获了一只小鹿回来，准备让厨师烹制后宴请群臣。善良的公主听说了，跑去恳请国王要下了小鹿。那只小鹿非常可爱，得救后成为了公主的伙伴，整日陪伴在公主左右。小鹿得知公主的病痛后，为了报答公主的救命之恩，突然开口说话了："公主，我们动物界都知道有一朵神奇的小红花，只要闻闻、舔舔它，就可以治愈所有的疾病，我去为你采来吧！"说完，小鹿就向山野中跑去了。小鹿趁看守的野狼正打瞌睡，一跃而起，窜到崖上叼起红花就跑。昏昏欲睡的狼瞬间被惊醒，它嚎叫着召来了狼群，一起向小鹿追去。小鹿看见山下有一个正在牧羊的年轻人，于是便把红花交给了牧羊人，请求他转送给公主，然后向反方向跑去，引开了狼群。小鹿被狼群逼得走投无路，跳下了悬崖，被河水淹死了。

按照小鹿的交代，牧羊人在两天后找到了公主，说明原委后，将红花交到公主手中。公主按照小鹿的说法，闻了闻花，又舔了舔花瓣上的露水。果然，一个月后，公主脸上的黑斑消失了，痛经的毛病也好了。从此，善良的公主便用这朵红花给人治病，医好了许多人。不料，关于红花神奇的传闻，被一个巫婆知道了，便想据为己有。为了避免红花被巫婆抢占，公主按照梦中小鹿的提议，将花种撒在了塔斯特河边。一夜之间，红花迅速蔓延，从一朵变成了无数朵，塔斯特河边的广阔平原，简直变成了红花的海洋，一眼望不到边。这个办法果然奏效，巫婆看到汪洋一片的红花，打消了独占红花的念头。从此，生活在那里的人们，都用红花来治病，有的用红花煮奶茶喝，有的用红花籽榨油吃。人们为了纪念这位善良的公主，就用她的名字给红花命名，称其为"扎郎子古丽"。

其实，红花除了"扎郎子古丽"这个好听的名字外，还有其他的名字，例如红兰花，或草红花等。小小的红花，却有大大的功效。提到它，相信大多数女性都是心怀感恩的，因为它直至今日，仍然在帮助许多女性脱离痛苦。许多女孩与扎郎子古丽公主一样，在青春期备受疼痛的折磨。如今，红花已经成为了医院药店里的常用药，它真如同天上的仙花一样，神奇般地治愈了许多女孩子的痛苦，使她们尽情地享受青春的欢乐。

与人类共生的神奇世界——野生动物

新疆是一个海拔高度差异巨大、生态条件十分复杂的地区。这样的环境为多种多样的野生动物提供了栖息的良好环境。从高山到沙漠，从森林到草原，从戈壁到绿洲，生活着许多珍贵的野生动物种群。

从地域上看，北疆和南疆的野生动物各有不同。在这些野生动物中，有很多是国际濒危动物，如雪豹、蒙古野驴、棕熊、白肩雕、藏雪鸡、白鹤等。

我们在这里先认识一下这些野生动物中的几位代表。

最仁义的猫科动物——雪豹

新疆地区古老的民族都有着自己所信奉的动物图腾，比如塔吉克先民崇拜鹰，柯尔克孜人在母系社会时期崇拜雪豹和牛。雪豹被大多数动物学家认为是猫科动物中最漂亮的一种。世界各地动物园中的雪豹有相当一部分来自中国，而来自中国的这些雪豹又有相当一部分来自新疆。2005 年，中国科学家首次在新疆天山托木尔峰拍摄到野生雪豹，引起了全世界的广泛关注。

雪豹这个名字，并非来自它的体表颜色，也就是说，雪豹并不是身白如雪。它的皮毛呈乳白色，略带一层浅灰和浅青色，身上还有很多不明显的斑点和圈纹。远远看上去，倒像是一块青灰色的石头。

雪豹，顾名思义，是一种生活在高山雪线以上的豹。野生雪豹大多只生活在雪线以上，很少到雪线以下来。海拔高的活动区域，可能

野生环境下的雪豹

有五六千米之高。天气和暖的时候，他们以岩羊、盘羊和麝等高山动物为食。即使在天气寒冷的时候，缺少食物的它们也很少下山去伤害人类。所以，相对于被大家所熟知的金钱豹而言，雪豹的伤害性是很小的。只有在食物特别缺少的时候，才会有个别雪豹下山到牧民家里偷家畜吃，但也几乎从来不伤害人类。也是因此，雪豹被认为是最仁义的猫科动物。

很多对新疆的野生动物感兴趣的人，都应该听说过这样一个故事，那是来自 2006 年夏天新疆电视台播发的一则消息。

故事发生在南疆拜城县托木尔峰南麓的一个小山村，村民吐尔迪养了十几只羊。一天夜里，吐尔迪睡得正香，忽然听到家里的猎犬狂吠起来。吐尔迪起来查看时，发现家里的羊并没有少，但猎犬的脖子却受了伤，像是被什么动物咬了的样子。吐尔迪给它上了药后，便回房睡觉了。第二天一早，吐尔迪一家人起床后，惊奇地发现在离他家不远处的一棵树上，蹲着一只皮毛斑斓的野兽，十几只猎犬围在树下狂吠不止，双方都受了伤。那只猛兽与猎犬对视着，既不逃跑，也不主动发起进攻，更没有伤害吐尔迪的意思。吐尔迪慌忙叫来邻居，用绳套把猛兽捉进了木笼里。后来，经县畜牧局的专家鉴定，这只野兽便是天山雪豹。这是一只20岁的老雪豹，由于体力的限制和食物的匮乏，它不得已才跑到山下去偷羊。

如果说虎是森林之王，那么，能享高山之王这个美誉的，就必然是雪豹了。即便是体格魁梧、力大无穷的棕熊，在灵活敏捷的雪豹面前，也要甘拜下风。在新疆，雪豹是雪山上现有的食肉猛兽中体型最大的动物。无论是帕米尔、昆仑山、阿尔金山，还是天山和阿尔泰山，在海拔3000米以上的高山地带均有它的足迹，偶尔它也到山下草原区活动。雪豹的身体有110到130厘米长，尾巴又粗又长，几乎与身体一样长。它不但会飞岩走壁，还会爬树游泳。它能很轻松地纵身跃过三四米宽的峭壁，六七米的山涧也能飞身越过。但由于它喜欢昼伏夜出，生性机灵，人们想在野外看到它极为困难。

母豹怀孕100天左右，便会生下2只或3只小雪豹。雪豹母亲对孩子是非常疼爱的，它甚至会拔下自己腹部柔软的毛，来为孩子制作温暖舒适的窝。睡觉时，它会把孩子搂在怀里，硕大的尾巴像厚厚的棉毯一样盖在它们身上。等孩子们稍长大后，母亲便教它们学习捕食，直到它们能独立生存后，才会让它们自立门户。

比大熊猫更珍贵的动物——蒙古野马

新疆准噶尔荒漠草原地域辽阔、人迹罕至，自古便是野生动物的“天堂”。野马、野驴、马鹿、黄羊、岩羊和赛加羚羊等有蹄类野生动物，在这里繁衍生长，过着多姿多彩的生活。

今天我们要介绍的就是这片土地上的一种稀有野生动物——蒙古野马。

蒙古野马

在动物科学工作者的眼中，野马是古代遗留在世间最珍贵的兽类之一，甚至比大熊猫还要珍贵。科学工作者认为，世界上真正的野马只有两种，就是欧洲野马和蒙古野马。而早在 1876 年，欧洲野马就已经完全绝灭了，所以，蒙古野马就成了世界上唯一的野马。

蒙古野马也叫普氏野马，这个名字源自俄国探险家尼古拉 · 普尔热瓦尔斯基。1878 年，普尔热瓦尔斯基率领探险队先后 3 次进入新疆准噶尔盆地奇台至巴里坤的丘沙河、滴水泉一带，发现并采集到了这种野马的标本，所以俄国学界称它为“普氏野马”。

新疆北部的准噶尔盆地和蒙古的干旱荒漠草原地带，是蒙古野马最原始的故乡。在新疆的山地草原、开阔的戈壁荒漠，以及水草条件略好的沙漠、戈壁里，原本都有蒙古野马。但后来，由于蒙古野马生活的环境中，食物日益缺乏，水源也不足，还有低温和暴风雪的侵袭，再加上人类的捕杀等，致使它们的数量逐渐减少，在自然界濒临灭绝。20 世纪 60 年代，蒙古国首先宣布野生野马灭绝。到 20 世纪 70 年代，作为蒙古野马的故乡，新疆的蒙古野马也基本消失。

面临如此珍贵的野生动物的濒临灭绝，全世界科学家纷纷行动起来。1977年，3位荷兰鹿特丹人创立了普氏野马保护基金会。1998年，普氏野马保护基金会在蒙古境内建立了一个面积达24000英亩的胡斯坦奴鲁草原保护区，影响甚大。

在保护蒙古野马的过程中，中国的工作也非常积极有效。1986年8月14日，中国林业部和新疆维吾尔自治区人民政府组成专门机构，负责“野马还乡”工作，并在准噶尔盆地南缘、新疆吉木萨尔县建成占地9000亩全亚洲最大的野马饲养繁殖中心。终于，新疆这个蒙古野马的故乡结束了无野马的历史。

蒙古野马的长相与家马很相似，身体有2米多长，不过，它们的耳朵又短又小，脖子上的毛也很短，尾巴上的毛却很长，4条腿的颜色要比身体上的深一些。

蒙古野马机敏狂野，警惕性很高，且奔跑速度非常快。冬天时，食物缺乏，为了防止饿狼袭击，很多蒙古野马便聚集在一起。如果遇到狼群，成年野马会围成一个保护圈，把小马围在里面。公马的后蹄非常有力，负责与狼搏斗。它们的后蹄甚至能踢断狼的尾骨，给狼致命的攻击。

在自然生态下，蒙古野马大多是十几匹在一起组成一群，以一匹雄壮的成年公马为首领。每年的5月，当塞外荒漠春暖花开时，是小马驹出生的日子。小马出生后，母马会用舌头把孩子舔干。小马很快就能站起来吃奶，一两个小时后就能奔跑了。

如今，蒙古野马已经列入世界自然保护联盟濒危物种红色名录，也是中国国家一级保护动物。

一个充满好奇心的群体——蒙古野驴

在新疆阿尔金山以西广阔的高原谷地里，以及准噶尔盆地东部广

奔跑中的野驴

阔的荒漠丘陵中，生活着一定数量的蒙古野驴。

蒙古野驴虽然名为驴，但它们却是野马的近亲，都是奇蹄目马科。在外形上，它们也与蒙古野马有些相似，因此有很多人“驴马不分”。其实，真正的野驴是指家驴的野生祖先，它们在非洲东部。在亚洲地区的这些蒙古野驴，既不是真正意义上的驴，也不是真正意义上的马。它们没有驴所具有的肩纹和肢纹，耳朵也比驴耳朵小，叫声有些像马叫又有些像驴叫，难怪有人要将它们误认为是蒙古野马了。不过，在蒙古野马和蒙古野驴之间，还是有非常明显的区别的。

野驴的身材比野马稍小，四肢比较细长，耳朵也比较长。野驴的尾巴上半段的毛很短，下半段的毛则很长；野马的尾巴从上到下的毛都很多，而且很蓬松。野驴的毛色呈浅棕褐色，脖颈下半部和腹部几乎是白色，背部还有一条非常漂亮的黑褐色的脊纹，野马则没有，而且野马的毛色呈较深的棕褐色，四肢比身上的颜色还要深一些。这些是比较容易辨别的野驴和野马之间的不同之处，只要看清了这些地方，人们还是很容易区分它们的。

野驴有一个爱好，就是喜欢跟着汽车一起奔跑，尤其喜欢跑在汽车前面。有时，它们会像赛跑一样，排成长长的“一”字，与汽车平行奔跑。它们硕大的蹄子扬起朵朵烟尘，在汽车左右两侧上下翻腾。一阵欢快的“比赛”后，领先的它们便收住脚步，好奇地从汽车前绕过，然后以骄傲的目光目送汽车远去。野驴不但喜欢追汽车，也喜欢跟在猎人附近前后观望，甚至跑到猎人的帐篷附近进行窥探，是一群好奇心非常强的动物。

蒙古野驴有集群活动的习惯，一个群体无论“男女老少”，都生活在一起。一般情况下，少则 5 到 8 头，多则 20 到 30 头。夏天时，在水草条件好和人为干扰少的地方，野驴的群体成员会更多。在新疆阿尔金山自然保护区的依夏克帕提湖边的蒙古野驴群，大群中常有 100 多头到 200 多头野驴。

野驴的听觉、嗅觉和视觉都非常灵敏，能察觉距离自己数百米外的情况。若发现有人接近或敌害袭击，先是静静地抬头观望，凝视片刻，然后扬蹄疾跑。跑出一段距离后，觉得安全了，又停下站立观望，然后再跑。通常，野驴群中会有一只哨驴，警惕性极高，忠于职守。人接近至 500—600 米处时，它开始慢慢跑远。人走它跑，跑跑停停，始终与人保持 500—600 米的距离。它在引诱人朝与驴群的相反的方向走去，以确保驴群的安全。一旦发生危情，驴群中的头驴会带着其他成员排成“一”字形逃跑，场面十分壮观。

随着季节变化，野驴会进行短距离的迁移。平时，它们的生活非常有规律，清晨时到水源处饮水，白天在草场上采食和休息，晚上则回到山地深处过夜。一天下来，它们通常会走上几十千米的路。在经常活动的地方，它们会自在地排成一路纵队，鱼贯而行。在草场和水源附近等地，它们经常沿着固定路线行走，在草地上留下特有的“驴径”。在干旱缺水的时候，聪明的蒙古野驴会在河湾处选择地下水位高的地方“掘井”——用蹄子在沙滩上刨出深半米左右的大水坑。当地牧民将这种井称为“驴井”。

野驴是重要的展览动物，也是驯化育种的对象。它们比较容易驯养，在动物园中就能繁殖。在准噶尔盆地的莫索湾一带，有人把捕到的小野驴带回喂养，长大后教它拉车。野驴挽力很大，只是性格较暴躁而倔强，除主人之外，任何人不能接近。

目前，新疆地区的野驴数目较最早时已经大幅度减少。为了保护这些幸存的野驴自由繁衍生息，国家林业部已在新疆的阿尔金山和卡拉麦里山建立了自然保护区。相信生活在这里的野驴会有一个更加自由和充裕的环境。

大自然的福音——森林资源

新疆地处欧亚大陆腹地，高山高原较多。西北方向，海洋潮湿气流随风吹来，给陡峭的北向坡地和无数条深沟峡谷，带来了能够孕育生命的雨水。于是，在这里，便形成了适宜植物生长繁育的宝地，孕育出了独具特色的森林资源。

新疆活立木总蓄积量3.39亿立方米，林地蓄积量3.01亿立方米；有林地面积201.62万公顷，灌木林地面积462.78万公顷；森林覆盖率4.02%，其中，绿洲森林覆盖率23.5%。数量非常可观。

几千年的风雨滋润，这里生长了大片世界珍贵树种：天山和阿尔泰山有西伯利亚落叶松、雪岭云杉和针叶柏，塔里木河和玛纳斯河流域有世界著名的胡杨和灰杨，准噶尔盆地边缘则散布着梭梭林，塔里木盆地周围遍地都是红柳……

我们在这里，主要欣赏新疆的山区天然林和平原荒漠、河谷天然林奇观。

山区天然林

新疆山地天然林中的树种比较单纯，大多是雪岭云杉和西伯利亚落叶松，另外还有阔叶树杨树、桦树等。

天山的中山带阴坡、半阴坡和山中河谷里，在这些气候湿润的地方，处处可见一种树干直入云霄的大树，这便是雪岭云杉，也叫天山松或天山云松。清代文人萧雄在他的《西疆杂述诗》中这样描写道：“其叶如针，其皮入鳞，无殊南产。惟干有不同，直上云霄，毫无微曲……”

走入雪岭云杉林，还没进到深处，便已能感受到云杉的庄重、挺拔与刚正。一年四季中，无论何时，这里总是一片生机盎然。挺直的树干上挑着常绿的枝叶，树下或是绿荫成碧，或是白雪皑皑，向上看时，枝头上却总是鲜活的绿色。

雪岭云杉不仅常绿，还长寿。一棵小树苗长到100岁时，还依然年轻。整个家族中，常见有两三百岁的长者，寿命最长的甚至能活到400多岁。历史上的整个西汉（前206—公元25）加上东汉（25—220）的时间不过也就4个多世纪。汉王朝由兴到衰，无数历史人物生生死死，而对于雪岭云杉而言，只不过活了一生而已。任风吹日晒，岁月沧桑，雪岭云杉始终屹立天山不倒，四季常青。

我们珍惜和爱护雪岭云杉，是因为它直入云霄，它遮天蔽日，它

山区天然林

稀世珍贵，最重要的，还是它装扮了崇山峻岭，养育了一方水土。它对环境无所苛求，却反过来美化了周边的环境。有了它们，这里的空气更加新鲜，降水更加丰沛。天蓝水清，牛羊肥壮，无一不与它们有着莫大的关系。

在天山托木尔峰南侧前山区，另有一处天然林。远远望去，在荒漠戈壁中间，却有一片翠绿之地，那是闻名中外的“戈壁明珠”——神木园。这里林如其名，满园都是形态奇特、千姿百态的千年神木。

“五岳归来不看山，神木园归来不看树”，说的便是这里了。大自然竟有如此鬼斧神工般的神奇力量，在这海拔1700米的荒凉之地，造化出这样一个古木参天、溪水潺潺的“大园子”。

“大园子”的占地面积有600多亩，行于其间，处处皆奇景。杨树、榆树、柳树、白蜡树，还有核桃、杏树，等等，几百岁的古树随处可见，遇上几位上千年的“长者”也毫不稀奇。这些形态各异的古

广袤的森林

树，或者曲折盘旋、匍匐在地，或者挺拔高耸、枝条摇摆，或者扭成麻花状、顽强挺立，或者头根相连、不分彼此，或者被雷电劈开却依然葱绿，甚至有的枯木已经倒地，但却又新生出枝桠挺直向上。

这里的每一棵树都有着不平凡的经历，如果把它们的传奇故事集结成册，那将是一本非常动人的经典传说。

就说其中的“马头树”吧。相传，当年唐僧西天取经路过这里，将白龙马拴在了这棵树上。白龙马不小心将头卡在了树中间，这棵树直到今天还在为它伤心流泪。还有700多岁的“寻根树”，这棵古树已经没有了主干，但却重新扎根活了下来。还有占地3亩左右的“千岁古柳”，还有“老爷杨”“千年夫妻树”“永绿树”“母亲树”……一株株老树，一个个传说，神奇而美丽。

这些参天古树相依相携，相互给予营养和水分，从1000多年前、数百年前缓步走来，并坚定地走向未来，旺盛的生命力令所有人惊叹不已，难怪人们把它们视为神木。

这些神木，是当地人所无限敬仰的。情侣们会将代表爱情的连心锁挂在姻缘树的枝桠上，祈求神树对爱情的佑护。人们还会不远万里来到园中的“圣水泉”处，亲口尝一尝里面的圣水，祈求歌声悦耳动听。园子中还有一处伊斯兰教的朝拜圣地，当地的穆斯林说：“去神木园朝拜7次，相当于去麦加朝圣一次。”另外，园内还有古麻扎（古墓）多座，据说11世纪从阿拉伯来此传教的阿訇，因战争牺牲而埋在了这里，成为伊斯兰教徒朝拜的圣地。

平原荒漠、河谷天然林

平原荒漠林主要分布在南疆塔里木盆地的几条河流两岸阶地或河漫滩上，树种大多是胡杨和灰杨。河谷天然林主要在北疆伊犁河水系及额尔齐斯河水系的河床浅滩地带，主要树种是额河杨、密叶杨、苦杨、银白杨、银灰杨、欧洲黑杨、小叶白蜡和白柳等。

河谷天然林

我们在这里隆重介绍的，是平原荒漠林中最美丽的胡杨林。

在塔里木河流域，有一片原生胡杨林，形成了千里“绿色走廊”，那是世界上面积最大的原始胡杨林区，也是中国最大的胡杨林保护区。在这个保护区中，从轮台县往南行 40 多千米，在那里的塔克拉玛干沙漠腹地，有中国最大的一个胡杨林公园，人们称它是中国最美的森林。

维吾尔人称胡杨为托克拉克，也就是“最美丽的树”。每年的秋天，是胡杨最美丽的时候。这时，整片胡杨林中，金黄色、金红色、金棕色、金紫色，交相辉映，与周围的河流、沙漠、戈壁、绿洲、沙湖、古道及荒漠草原，构成一道独特的塞外奇景。

胡杨林被誉为“沙漠中的勇士”，不只源于它美丽的外表，更是因为它所具有的顽强的生命力。在新疆荒漠和沙地上，胡杨是唯一能长高、天然成林的树种。新疆库车、甘肃敦煌、山西平隆等地，在新生代第三纪古新世地层中部发现了胡杨的化石，也就是说胡杨距今已有 6000 万年左右的历史。

每年初夏，千万颗胡杨的种子从自动裂开的蒴果里飞出，随风飞走。只要能落到有水的地方，它们就能够生根发芽。所以，河水流到哪里，哪里就有美丽的胡杨林。无论环境多么恶劣，只要它们在地下的根不死，它们就不会真正死去。一有合适的机会，在它们早已干枯的枝桠上，就会生出嫩绿的幼苗。

胡杨生得坚强，死后依然彰显顽强的生命力。在举世闻名的楼兰古城遗址、尼雅遗址中，考古学家在废墟中发现横七竖八地躺着一些木构架。这些木构架历经千年风雨却没有腐烂，至今仍然完好，实属奇迹。这些神奇的木构架，便是用胡杨木制成的。因此，人们夸赞胡杨木“活一千年不死，死一千年不倒，倒一千年不朽”。

在清朝（1616—1911）时，塔里木河流域的胡杨还漫山遍野，然而，自 20 世纪 50 年代起，由于人类生产活动的加剧、毁林开荒，及气候环境的影响等，塔里木河流域的胡杨林面积锐减。幸好，近年来，

沙漠防御林

通过向塔里木河下游输水，两岸的胡杨林开始复苏。千里“绿色走廊”又回到了这里。

轮台胡杨林公园地处塔里木胡杨保护区的核心地带，园内河汊纵横，有塔里木河自然泄洪形成的一个小湖，湖中建有雅致的湖心亭，湖水的周边是茂密的胡杨林，水中倒影，天、树、水相连，如诗如画，河汊末端有芦苇荡和胡杨红柳沙丘群。密林深处，红柳、梭梭林穿插其间，常有野羊、野鹿、野狐、野兔出没。这里四季景色变幻明显。春天积雪消融，万木吐绿；夏季，沙海中万木峥嵘，郁郁葱葱；秋季，层林尽染，五彩斑斓；冬季，胡杨挺立在原野上，白雪皑皑，无限高洁。轮台胡杨林不愧为中国最美的森林之一。

矿产宝藏

周恩来总理曾经说过，新疆就是中国的“一块宝地”。周总理的这个赞誉，不仅是因为新疆有着辽阔的地域、适宜的气候、复杂多样的地貌和土壤，更因为新疆地下的矿产资源十分丰富。

现代地球科学揭示，在距今19—18亿年以前，新疆只是一些岛屿小陆地，散落在浩淼的远古大洋之中。后来随着地壳的变动和大陆板块的漂移，现在的新疆地区发生了沧海桑田的变化。在这漫长的演变之中，经过多次反复，形成了一些与海洋和地壳运动有关的重要矿产，如金、铁、石油、石膏、盐、玉石等，这就是新疆地区有丰富的矿产资源的原因所在。目前探明，世界三大巨型成矿域中，有两个穿越新疆，毗邻国家的32个重要成矿带，有16个延伸至新疆境内。因此，在新疆的群山峻岭之间、绿洲戈壁之下、河流湖泊之旁，埋藏着亿万年以来形成的各类矿产资源。

俗话说，人间天堂有苏杭，物产丰富属新疆。新疆的地下宝藏不

黑色金子——石油

新疆铜矿加工企业

仅储量大，而且矿产种类比较齐全。在中国已发现的171种矿产中，有138种在新疆的地下有埋藏，其中查明储量的矿产有96种（亚种124种），包括能源矿产6种、金属矿产32种、非金属矿产58种（亚种86种）。新疆境内已发现5000余处矿产地（点），广泛分布于新疆的“三山两盆”之间。其中，能源及盐类矿产主要分布在各个盆地之中，金属矿产分布在新疆的三大山系之中。

矿产资源是经济发展的原料，工业建设是以矿产的探明储量为依据的。新疆经济发展所必需的能源矿产种类全，资源量大。例如，新疆发展钢铁工业所需的铁矿、锰矿、铬矿、熔剂石灰石、白云石和炼焦用煤等多种矿产配套，储量均居中国前列。新疆发展有色金属工业所需的矿产也较多，主要有铜、镍、铅、锌和稀有金属锂、铍、铌、钽、铯，以及冶金辅助原料矿产等。新疆发展盐化工的矿产有石盐、芒硝和钾盐等；丰富多样的非金属矿产为发展建材工业及陶瓷、造纸、盐业和工艺美术等轻工业提供了配套矿产。可以说，齐全配套的矿产资源为新疆工业的全面发展奠定了强有力的物质基础。

走在新疆的土地上，您的脚下很可能就埋藏着亿万年来形成的矿产宝藏。让我们通过几种有代表性的新疆矿产，去体会一下周总理所说的“一块宝地”的深刻内涵吧！

“五朵金花”——新疆金属矿产

各种各样的金属是地球对人类的厚赐，是现代工业不可或缺的原料。一般来说，金属可以分为黑色金属、有色金属、贵金属和稀有金属四大类。新疆地区的金属矿藏非常丰富，四大类金属矿在新疆均有储藏。

新疆的黑色金属矿种，主要是铁、锰、铬、钒、钛 5 种。目前开发的主要是铁矿，其次是铬矿和锰矿。新疆的铁矿资源预测总量 89.1 亿吨，而且富矿所占比例大。新疆有色金属矿产种类齐全，包括铜、铅、锌、镍、铝、钨、锡、钼、钴、汞、锑等 12 种，其中铜金属预

新疆镍矿加工生产

测资源量 5195.4 万吨，镍金属预测资源量 519.9 万吨。新疆的贵金属矿产以黄金为主，目前已知成矿带共有 43 个，阿尔泰山、阿尔金山等地都以出产黄金著名。新疆稀有金属矿产资源丰富，种类齐全，产地集中，主要分布在阿尔泰山和昆仑山，东、西天山也有分布；已发现铍、锂、铌、钽、锆、铷、铯等，其中铍矿、铯矿储量居中国之首。

新疆金属矿产储量在中国的排名

位次	1	2	4	5	7	9	10
矿种名称	铍、铯	镍、钯	铬、钴、铂	锂	锡、铜、碲	钼、铋、铷、镓	钽

在新疆的金属矿产中，金矿、富铁矿、铬铁矿、铜镍矿和稀有金属矿产，被新疆人誉为新疆金属矿产中的“五朵金花”。它们的产量和储量，在中国占有重要地位。

“金山”——盛产黄金的地方

黄金是被人类最早发现并利用的金属之一。人类很早就能从自然界拣拾到这种反射着耀目黄色光彩的“美丽石头”，并把它视为珍贵之物。古往今来，黄金逐渐成了财富的代表和人类储藏财富的重要手段。如果哪里的地下埋藏着丰厚的金矿，那简直是造物主对这个地方的特殊厚爱。

古希腊历史学家、被尊为“历史之父”的希罗多德在他的名著《历史》一书中，记载了一个盛产黄金的地方，那里由狮身、鹫首、鹫翼的格律普斯人负责守护。格律普斯人的附近居住着一个独眼的民族，他们经常为了争夺黄金与格律普斯人战斗。据考证，这个传说中盛产黄金的地方，就是今天阿尔泰山南的阿勒泰地区。阿尔泰、阿勒泰这些名字都来自古突厥语，意思就是“金山”。

新疆地区是一个黄金宝地。现代地质学勘探表明，在新疆辽阔的地域中，由于地质结构复杂、地层发育齐全并且岩浆活动频繁，因而为矿产，特别是金矿的形成提供了良好的条件。这里是中国有名的产金区之一，产地多、分布广、开采历史悠久，素有“金玉之邦”的美称。

说到新疆黄金的开采，可以上溯到汉唐时期（前206—公元907）。阿尔泰山区在历史上就是重要的黄金产地。曾经有这样一个传说：阿勒泰人口袋里如果没有钱了，他们背上食物进山走一圈，回来时口袋里就一定会鼓鼓的。这种说法虽然有些夸张，但也说明了一个问题，那就是阿尔泰山脉的黄金在开采了数千年之后，依然无愧于“金山”的称谓。

如今，新疆的黄金主产区是阿勒泰地区和伊犁地区，分布着9个重要的金矿床和5个重要的成矿带。2009年，新疆地区的年产金量已经达到10吨，黄金开采和冶炼已逐渐成为新疆的一大支柱产业，为新疆经济的腾飞插上了一双金色翅膀。

现代工业的“宝中宝”——富铁矿

人类走出蒙昧的石器时代后，首先进入了青铜时代，然后进入了更为发达的铁器时代。在遥远的古代，铁器应用的历史意义，不亚于“工业革命”对现代人类的意义。考古发现，新疆地区使用铁器的历史，比内地还要早一些。在天山南麓的察吾乎沟口文化墓葬遗址中，已经发现了随葬的铁器。专家判定，这个地方距今四五千年时已经处于早期铁器时代。

新疆地区能够率先进入铁器时代，和新疆地下埋藏的丰富的铁矿资源有关。新疆的铁矿分布广，类型齐全，而且含铁量大于45%的富矿比例比较大。天山中的一个铁矿，平均含铁量达到51%，最高的能达到63%，这在世界上也是罕见的。新疆地区探明的铁矿中富铁矿占30%以上，远远超过中国富铁矿5%的比例。

新疆铁矿资源丰富，已探明储量居西北5省区第2位。新疆现已

新疆铁矿开采

发现的铁矿产地上千处，80% 的铁矿储量分布于天山，特别是东天山，其次为西昆仑山、阿尔泰山和阿尔金山等。东天山的哈密、吐鲁番地区的铁矿产地最多，其储量占新疆全区保有储量的 56%；其次是阿勒泰地区，占新疆保有储量的 14%。

自从进入铁器时代以后，钢铁就是人类不可或缺的原料。我们平日里的生活用具和生产工具，许多都是钢铁制成的。因此，钢铁工业是一个国家国民经济的基础，铁矿石则被誉为现代工业的“宝中宝”。

新疆地区开矿冶铁有着悠久的历史。在汉地的史籍中，有不少关于新疆地区铁器制造业的记载。比如，成书于公元 1 世纪的《汉书》记载：新疆古国婼羌（今新疆若羌县一带）的山上产铁，婼羌人用它们制造弓、矛、服刀、剑等兵器；姑墨国（今新疆阿克苏一带）出产铜、铁等矿产；龟兹国（今新疆库车一带）已经掌握了铸冶金属的技术，还出产铅等。

古代新疆地区的开矿冶铁业历经数千年，到清朝时期仍旧十分兴旺。清朝政府在乌鲁木齐、伊犁等地开设铁厂，民间一些商人也在新疆设厂开矿冶铁。清政府官办的乌鲁木齐铁厂，最初是由戍边的军人挖矿冶铁，随军的工匠打造各种器械。后来，经中央政府批准，当地政府在流放犯人中选择年轻力壮的，从事挖矿冶铁营生。清代新疆民间的冶铁业更是发达。据记载，乾隆时期一位崔姓商人的铁厂，聚集了数千家从事冶铁的居民，宛如一个大城镇。冶铁打铁的声音，在很远的地方都能够听到。他们生产的铁，远销到甘肃、蒙古等地。

中华人民共和国成立之前，虽然人们知道新疆铁矿资源丰富，但是从未进行过完整的勘探工作。从 20 世纪 50 年代初期起，中国政府对新疆地区的地质矿产进行了普查和勘探，取得了一系列成果。新疆现已发现的大型铁矿分布广泛。丰富的铁矿资源，为新疆的发展提供了腾飞的基础。

最有工业价值的含铬矿物——铬铁矿

铬是一种银灰色、有光泽的结晶体金属，具有质硬、耐磨、耐高温、抗腐蚀等特性，广泛应用于冶金、化学、耐火材料等工业，是冶炼不锈钢不可或缺的重要原料，民用、军用都缺少不了它。但是，中国是一个缺少铬铁矿资源的国家，在 1949 年之前，仅在东北、内蒙古和宁夏等地发现了少量铬铁矿。

1949 年后，中国寻找铬铁矿的工作全面展开。1958 年，一支地质队在新疆克拉玛依市以北的萨尔托海乡进行放射性测量时，发现那里有铬铁矿。同年，塔城地质队对这里的铬铁矿进行了勘查。这是一项非常艰苦的工作。为了确定萨尔托海铬铁矿的情况，中国著名岩石专家王恒升在几年的时间里，亲赴矿区进行考察。他不仅直接参加找矿的评价工作，还指导地质队尽快掌握了寻找和确定铬铁矿的工作方法以及一些相关知识，为确定萨尔托海铬铁矿做出了杰出的贡献。1964 年，地质部组织了全国 11 个省的千余名地质技术人员，在新疆开展了一场“铬铁矿大会战”。在新疆的大漠戈壁上，无数地质技术人员为了寻找这种中国缺乏的矿产，付出了青春、热血和汗水。经过两年多的“会战”，地质人员在萨尔托海地区探明铬铁储量 37 万吨。1968 年，萨尔托海铬铁矿建井开采。

虽然已经进入开采阶段，但是在新疆地区寻找铬铁矿的工作并没有停止。1971 年，新疆组建了一支专门寻找铬铁矿的队伍——第七地质大队，继续勘查铬铁矿。他们改进了工作方法，吸收最新地质研究的成果，在新疆地区探明的铬铁储量不断增加。

目前，新疆探明的铬铁矿资源主要集中分布于东西准噶尔及卡瓦布拉克地区。其中，西准噶尔地区的托里县境内铬铁矿储量约占全区总储量的 99.2%，预测铬铁矿资源量 2630 万吨，是中国最重要的铬铁矿产地之一。新疆的铬铁矿品位高，富矿多，而且交通条件比西藏好，具有一定的优势。

奇石异宝——新疆非金属矿产

当今世界，一些非金属矿产的价值已经超过了金属矿产。新疆是中国非金属矿产的宝库，几乎全部涵盖了冶金辅助原料、化工原料、建材及其他非金属、宝石等。如果您和新疆人谈论起那里的非金属矿产，有人会告诉您，那是新疆地下的“奇石异宝”。

新疆的非金属矿产资源主要分布在阿尔泰山南麓、环准噶尔盆地、环塔里木盆地及东西天山，具有种类多、分布广、资源丰富、资源量远景潜力大的特点。目前，新疆发现非金属矿产 78 种（其中能源矿产 7 种，化工原料非金属 21 种，特种非金属 50 种），有些矿产品在新疆、中国乃至国际市场上都享有盛名。

富蕴县可可托海矿区一号坑

新疆地下储藏的那些非金属宝藏，实在品种太多，储量太大，简直说也说不完。比如，新疆的云母储量占中国的70%，产量为中国的一半；塔里木北部尉犁县的优质蛭石矿，储量1300万吨以上，产品远销欧美、日本等国家和地区；新疆蛇纹岩资源储量为中国之冠；新疆的膨润土矿分布于准噶尔盆地边缘及托克逊一带，其中和布克赛尔县膨润土是中国特大型矿床，也是中国唯一能达到美国泥浆API标准的膨润土矿；托克逊县榆树沟皂石矿为中国首次发现的皂石矿种，矿石质量可达到美国锂皂石产品维格姆要求，目前已探明储量100万吨以上；新疆的石棉分布于阿尔金山及天山榆树沟等地，其中阿尔金山为中国最大的石棉矿成矿带，依吞布拉克石矿山为中国第二大石棉矿山；新疆菱镁矿储量居中国第4位，硫矿、滑石、石灰岩、盐类矿产也较为丰富；新疆自古以来还是“宝石之乡”，蕴藏着多种世界驰名的宝石和玉石……

新疆非金属矿产储量在中国排名

位次	1	2	3	4	5	6	9	10
矿种名称	钠硝石、芒硝、白云母、蛭石	镁盐、钾盐、膨润土	自然硫	红柱石、菱镁矿、水泥用大理岩	叶腊石	盐、溴、玻璃用脉石英	水泥配料用页岩	滑石、长石

“玉石之路”上的奇珍

和田，古称于阗，意思就是“产玉石的地方”。和田地区的玉石资源丰富，并且质地优良。当地还流传着一个美丽的传说：很久很久以前，有个技艺高超的老石匠在60岁生日那天，幸运地拣到了一块很大的羊脂玉。在老石匠的精心雕琢下，羊脂玉变成了一个玉美人。

2014年中国新疆国际观赏石、和田玉精品博览会上的奇珍

玉美人非常漂亮，而且精致逼真、活灵活现，让老石匠的徒弟叹为观止。一天，玉美人变成了一个姑娘，并且拜老石匠为父，老石匠给她取名为塔什古丽（玉花）。塔什古丽和老石匠的徒弟结成了夫妻，他们相亲相爱，生活幸福。可是，当地的一个恶霸趁小石匠外出时抢走了塔什古丽。坚贞的塔什古丽坚决不从，于是恶霸用刀砍她。塔什古丽本来就是羊脂玉的化身，大刀砍在身上，立刻迸出了火花。火花点燃了恶霸的府第，塔什古丽也化成了一缕白烟，飞进昆仑山。小石匠得知后，骑马奔向昆仑山，并沿途撒下许多小石子。据说，这些小石子成了玉石矿苗。

和田玉有着悠久的历史，在联结东西方的丝绸之路形成之前，就存在一条联系东西方的商路——“玉石之路”。它的起点，就是以出产和田玉而闻名于世的新疆和田。据考证，这条商路最早可以追溯到距今 12000 多年前的新石器时代，比丝绸之路还要早将近 1 万年。玉石之路以今日的新疆和田为中心，向东分为两支，一支经罗布庄、罗布淖尔、敦煌，另一支经喀什、库车、吐鲁番、哈密，在今玉门关、酒泉一带会合，再继续向东延伸，经兰州、西安、洛阳而到达安阳。同时，这条古道向西经喀布尔、巴格达而至地中海。

据中国古籍《穆天子传》记载，西周（前 1046—前 771）第 5 位天子周穆王是一位爱好漫游的天子，他乘坐由 8 匹骏马拉着的王车，游览了许多的地方，遇到许多奇怪的人和事。据说他曾经沿着玉石之路，向西到达昆仑山，与那里的部族领袖西王母欢聚，还在昆仑山采玉。周穆王回国的时候，带回的玉石有“万只”之多。据考证，周穆王当年采玉的昆仑山，就在今天的新疆境内。

周穆王的故事虽然带有神话色彩，但是地下的考古发现是不会骗人的。在距今 7000 多年前的河姆渡文化遗址，发现了和田玉制成的玉珏、玉珠；在距今 5000 年前的良渚文化遗址，出土了数十件和田玉雕琢成的玉器；在距今 3200 多年前的商朝（前 1600—前 1046）一位王后妇好的墓里，发现了 755 件玉器，除了 3 件之外，全部是由新疆的和田玉制成的；在中亚、欧洲一些地方发现的新石器时代的玉器，大部分也是来自新疆的和田玉。

中国历史上很多无价之宝，都是用和田玉制成的玉器。1968 年，在保定满城县出土的西汉中山靖王刘胜及其妻窦绾的墓中，出土了 2 件保存完整的“金缕玉衣”，其形状如人体，各用 2000 多片玉片，用金丝编缀而成。刘胜的玉衣共用玉片 2498 片，金丝重 1100 克；窦绾的玉衣共用玉片 2160 片，金丝重 700 克。这些制作“金缕玉衣”的玉片，都是来自新疆的和田玉。此外，秦朝（前 221—前 206）的玉玺、唐朝的玉莲花、宋朝的玉观音、元朝（1206—1368）的渎山大玉海、明朝（1368—1644）的子冈牌、清朝的大禹治水玉山……这些稀世珍宝，都是采用和田玉雕琢的艺术珍品。

和田玉是中华民族的瑰宝，在中国“五大名玉”中，和田玉居首位，被称为“中国国石”。狭义上讲的玉，一般就指新疆和田玉。和

精美的玉雕作品

田玉是一种软玉，俗称真玉。它具有质地温润细腻、硬度和韧度极大、颜色纯正、声音优美的特点。从地质科学观点看，和田玉有明确的科学含义，指分布于“万山之祖”昆仑山，由镁质大理岩与中酸性岩浆接触交代而形成的玉矿。

或许真的就像传说中一样，小石匠在昆仑山上撒下的小石子，变成了玉石的矿苗。现在，在新疆莎车、和田、且末县绵延1500千米的昆仑山脉北坡，集中了9个和田玉产地。

和田玉分为山产和水产2种：山产的叫宝盖玉，水产的称为子玉。当地采玉者则根据和田玉产出的不同情况，将它们分为山料、山流水、子玉3种。山料就是宝盖玉，从高山之上的原生矿床或者矿点直接采得，它们大小不一，有棱有角；山流水是原生矿经风化剥落，并由河水搬运至河流中上游的玉石，棱角稍有磨圆，表面比较光滑；子玉又叫子儿玉，是山料经冰川不断裂解崩落的玉矿，再经地震风化或雨季被洪水冲入河道并受到河水长年浸泡、冲刷、打磨所余下的质地。都说“玉不琢，不成器”，但子玉细糯、滋润、密度大，像有玉液一样有光泽，不用雕琢，也是精品。

根据颜色和质地的纯净度，和田玉主要分为白玉、青玉、黄玉、墨玉4大类，历史记载中还有红玉，但是至今人们没有发现。白玉一般体积不大，颜色洁白、质地纯净、细腻、光泽莹润，是和田玉中的高档玉石，被称为“世界软玉之冠”。根据颜色，白玉可进一步划分为羊脂玉、白玉、青白玉3类。羊脂玉是和田玉特有的，世界罕见，为新疆玉石所独有。它色似羊脂，质地细腻，是最好的白玉品种，堪称“软玉之王”。汉代、宋代和清乾隆时期都极推崇羊脂白玉。青玉由淡青色到深青色，颜色种类很多，在和田玉中储量最多。青玉是古代人所追求的玉石品种，也是历代制玉采集或开采的主要品种。黄玉的颜色是地表水中的褐铁矿渗入白玉中造成的，根据色度变化，黄玉的颜色可以定名为蜜蜡黄、栗色黄、秋葵黄、黄花黄、鸡蛋黄等。优质的黄玉和羊脂玉一样珍贵。墨玉由墨色到淡黑色，大都是小块的。黑色是因为玉石中含较多的细微石墨鳞片。墨玉中最好的品种叫纯漆墨，它的黑色浓重密集。

和田玉除了上述的4大种类之外，还有一种“糖玉”。它是白玉或青玉的山料包裹一层厚厚的近似红糖色的玉皮，但不同于白玉或素玉的双色玉料。糖玉能灵活制作玉器。以糖玉皮刻籽料掏空制成的糖玉鼻烟壶，叫做“金银裹”，收藏价值很高。

和田玉籽料堆满摊位

古老的玉石之路虽然已经随着丝绸之路的崛起而衰落，但是直到今天，新疆地区丰富的玉石资源，仍旧吸引着全国各地的玉雕师、游客和玉器收藏家。如果您到了新疆，千万不要忘记到和田玉的故乡去看看，欣赏一下和田玉的天然之美，和田玉器的雕琢之精。如果您到了和田、且末等地，还可能会赶上定期举行玉石交易的巴扎（集市）。玉石巴扎上熙熙攘攘，成百上千的玉石摊位争奇斗艳。您会看到大如脸盆、小如蚕豆的各类玉石。当地人习惯以千克为单位买卖玉石。您不妨也“入乡随俗”，挑选上一两款自己中意的玉石或玉器，作为游览新疆的纪念。

亿万年前古树的化身——硅化木

据记载，唐代高僧玄奘法师西游，从西域带回3件宝物：珍贵的梵文贝叶经、释迦牟尼的肉身舍利子和回纥神木。佛家认为，万物俱灭，唯有石头传世。而这种回纥神木恰恰就是古树化成的石头。因此，有僧人认为，木化为石，是神的造化，故又称这种神木为“禅石”。

唐朝前期，国家富强，佛教大兴。信奉佛教的西域人民，不断向唐朝进贡神木。长安的各大寺院，以能够拥有一块神木为荣。而在唐朝留学的日本佛门弟子，更是终身希望能够得到一块神木。唐开元二十六年（738年），一批即将回国的日本佛教徒，终于得到了一块唐玄宗赏赐的神木。当这块5尺长的神木运抵日本的时候，成千上万虔诚的佛教信徒到海边迎接。神木在日本登陆的那个小镇，几乎家家都有人出家为僧。后来这里更名为“神户”，近代以来已经发展成日本著名的大都市。

硅化木中惊现亿年树虫

现在我们知道，这种神奇的“神木”，其实就是硅化木。它还有一些别名，如树化石、木化石、树化玉等。硅化木是地球留给人类的不可多得、不可再生的宝物，经历了亿万年的历史变迁。根据地质学家的研究，在距今约3亿年至1亿3000万年前的侏罗纪时期，新疆地区生长着一片片茂盛的原始森林，有云杉、水杉、银杏、落叶松、金钱松等几十个树种，恐龙、水龙兽、鸟类等史前动物出没其间，过着自由自在的生活。

然而，由于地质的变迁，一场突然的灭顶之灾毁灭了这些古老的生物，这些树木也随之被埋藏于地下。在随后的上亿年的时间里，这里又多次经历地质变迁、替代质换、石化过程等，这些地壳深处的树木“遗骨”被抛至地表。裸露在外的树木又经历了风化、侵蚀、搬运等外力作用，使得原有的树木与其周围的化学物质，如二氧化硅、硫化铁、碳酸钙等发生了置换，这种置换的专业术语叫作“交代作用”，即化学物质进入了树木的内部，替换了原有的木质纤维结构，而树木表面仍然保留原来的形态。又因为其中所含的二氧化硅成分最多，所以被称为“硅化木”。

硅化木之所以珍贵，一在于它的古老，亿万年的岁月使它有着极高的学术研究价值；二在于它的逼真，它酷似树木，在显微镜下，还可以看到完好的细胞结构；三在于它的稀有，在自然界不仅需要亿万年的时间，更需要特殊的条件才能形成；四在于它的坚硬，它比钢铁还要坚硬，其硬度可达到6.5—7.0。硅化木主要有硅化、铁化、钙化以及玛瑙、玉质等。硅化古树多呈黑色，铁化的古树呈暗红或者深棕色，钙化的古树呈黄色或白色。有的硅化木像玛瑙一样通体光润、呈碧玉质且上面有清晰的枝芽、瘤节、虫蛀痕迹、木纹年轮，这是硅化木中的上品。因此，硅化木除了研究之外，还具有很高的收藏价值和观赏价值。

在新疆准噶尔盆地东部，有着丰富的硅化木资源。奇台县的石树

新疆奇台硅化木—恐龙国家地质公园里的硅化木

沟、帐篷沟、老鹰沟、恐龙沟和魔鬼城，吉木萨尔县的五彩湾，哈密市的南湖戈壁，伊吾县的淖毛湖，木垒县、青河县、富蕴县的戈壁深处等地，分布着很多硅化木群。新疆硅化木分布的面积之大、范围之广，在全中国也绝无仅有。因此，这里被人们誉为“硅化木之乡”。

奇台县石树沟现存的硅化木群，是目前亚洲最大的硅化木群。1996年，石树沟兴建了“中国新疆奇台硅化木园”。它的总面积约有3.5万平方千米，里面分布着1000多株硅化木，低矮的山头上还矗立着100来个硅化木树桩，它们大多数形状完整。走入石树沟，您会发现这里的硅化木有的全部裸露在地表，而有些则一半露在地上，另一半埋在岩石中。那些整株的硅化木都产自原地，没有经过外力的搬运作用。这些硅化木的树径大多在1米至2米之间，长度在20米左右。其中的一株“石树之王”，直径2.25米，长26米，仅次于世界之最的美国硅化木。

硅化木由于具有“天地归形之物”的灵性，历来被视为神异之物，有人更把它作为驱邪伏鬼的镇宫、镇宅、镇店之宝；硅化木坚硬美观，是高档工艺品的优质良材，具有很高的观赏价值；硅化木的形成需要上亿年的时间，具有不可再生性，且现存的数量非常稀少。这些原因都使得它的收藏价值和经济价值一路飙升。近年来，硅化木已经成为众多投资者和珠宝商们的新宠。奇台县的硅化木群作为“新疆一绝”吸引着众多国内外科学家和游客前来游览、研究。

能源“大本营”——新疆的能源矿产

今天，当您走进新疆的时候，您看到的多是高山、大漠、戈壁和草原，但是您可曾想到，在数亿年前的史前时期，这里曾经是一片浩瀚的大海。在塔里木盆地一些沙丘的下面，科学家们找到了距今 3.6—2.9 亿年前后的一些生活在海洋中的软体动物化石。奥地利地质学家修斯用古希腊女神“特提斯”的名字命名那个年代久远的古海洋。然

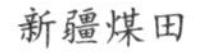
新疆煤田

而，随着一次次剧烈的地质运动，在距今520万年以前，海水远离了新疆，至今也未曾回归过。在漫长的岁月里，海洋为新疆留下大量地质变动信息的同时，也为新疆留下了丰富且宝贵的遗产——煤炭、石油、天然气等能源矿物以及其他资源。

能源是发展经济的物质基础，是人类一日不可或缺的重要生产资料和生活资料。工业革命以来，煤炭、石油相继扮演了推动人类工业进步的角色。在新的替代性能源出现以前，它们仍将是我们最重要的能源来源。新疆的能源矿产储量非常丰富，拥有煤、石油、天然气、油页岩和铀5种能源矿产，其中煤、石油和天然气的储量之大，让新疆堪称中国能源的“大本营”。

“黑色的金子”——煤炭资源

自从18世纪工业革命以来，煤炭就是人类使用的主要能源之一。由于在人类的生产生活中占有极高的地位，煤炭又被誉为“黑色的金

准东煤田

子”“工业的食粮”。在新疆地区的主要矿产中，这种“黑色的金子”储量最为丰富。新疆本地有句谚语说：“挖不尽的新疆煤。”民国初年，中央政府派一位名叫林竞的官员赴新疆考察。林竞在新疆一年多，写出了一本《新疆纪略》，其中讲到新疆煤炭资源的时候说：“新疆最富之矿产……当推煤为首，几乎遍地皆是。”新疆的煤炭资源有多丰富？我们通过一些古人的记述，能够看出一点端倪。

公元4世纪，东晋（317—420）高僧道安在他的《西域记》中记载，屈茨（即龟兹）以北200里的山中，夜里可以看到火光，白天可以看到冒烟。人们在这座山中取石炭（即煤炭），用来冶铁，足够供给西域36国之用。道安记载的火光和烟，实际上就是山中煤炭自燃的现象，足见当地煤炭储量之丰，埋藏之浅。而当地人民采煤冶铁，供给西域36国的事实，也说明了新疆地区煤炭资源之丰富。

公元8世纪，唐代诗人岑参也目睹了新疆煤炭自燃的现象。他在《经火山》诗中写道：“火山今始见，突兀蒲昌东。赤焰烧虏云，炎氛蒸塞空。不知阴阳炭，何独烧此中？我来严冬时，山下多炎风。人马尽汗流，孰知造化工！”蒲昌是唐朝政府在西域设置的一个县，在今新疆鄯善。诗中所说的“不知阴阳炭，何独烧此中”，清楚地说明了是当地的煤炭在自燃。诗人经过那里的时候，正值寒冷的冬天，但是山中的煤炭燃烧吹过的热风，却让人马都在流汗。这也可以看出当地煤炭储量的丰富。

古代新疆人民虽然很早就开始采煤，但总的来说，对煤炭资源开发利用得还比较少。清政府统一新疆后，由于需要在新疆驻军屯田，清政府开始组织在新疆采煤。当时，主要是在哈密、伊犁、塔尔巴哈台、喀喇沙尔、乌鲁木齐等地开采。其中，乌鲁木齐地区由于煤炭储量大、品种多、质量好，成为新疆最重要的煤炭产地，到清朝末年，年产量达到1926万多斤。

对新疆的煤炭资源进行全面的勘探，是在中华人民共和国成立之

煤炭生产企业

后。现已查明，新疆煤炭资源主要分布在准噶尔（6235亿吨）、吐鲁番－哈密（5350亿吨）和伊犁（4772亿吨）这三大盆地。新疆的煤炭地层面积预计为30.7万平方千米，煤炭预测资源量2.19万亿吨，占中国的40.6%，居中国各省区之首。在新疆各地，除了博尔塔拉蒙古自治州外，其他地区、自治州、市均不同程度赋存有煤炭资源。其中，乌鲁木齐市、昌吉回族自治州、伊犁哈萨克自治州州直、塔城地区、阿勒泰地区、克拉玛依市、吐鲁番地区、哈密地区及巴音郭楞蒙古自治州等地、州、市煤炭资源储量约占新疆预测煤炭资源总量的98%左右。

总体来说，新疆地区煤炭资源的煤质较好，煤层较厚，品种较多。新疆煤种中长焰煤、不粘煤和弱粘煤占资源总量的90.91%。煤质多具备特低硫、低磷、高挥发分和高热值的特点。同时，煤的反应活性高，适合于煤气化和间接液化，是优质动力和煤化工、煤制油用煤。现已探明和开采的煤炭，大多煤层的赋存浅，可采煤层多，主采煤层厚，开采技术条件好。如果按目前的煤炭年产量和回采率测算，现在保有的储量还可以继续开采 700 多年！

“工业的血液”——石油资源

近 100 多年来，石油逐渐成为人类最重要的能源。任何其他原料都没有像石油一样，在国际上引起那么大的重视。说石油是“工业的血液”，是一点也不过分的。

1949 年之前，中国被认为是一个缺乏石油资源的国家，戴着一顶“贫油国”的帽子。那时候，中国只有新疆的独山子、甘肃玉门、陕西延长等地有一些规模不大的油田，中国人所使用的石油制品，大部分依赖进口，称为“洋油”。1953 年，毛泽东、周恩来专门接见地质部部长、地质学家李四光。毛泽东说，要进行建设，石油是不可缺少的，天上飞的，地上跑的，没有石油都转不动。李四光用十分肯定的语气回答毛泽东说，中国天然石油的远景大有可为！1955 年开始，根据毛泽东的战略决策，李四光领导地质部在全国范围内开展了战略

石油作业区

先进的石油生产设备

性的石油普查勘探工作。

中国石油普查勘探工作的第一个突破，是在新疆实现的。1956年，地质勘探人员在克拉玛依乌尔禾地区，发现了55平方千米的含油面积，并于当年投入试采。到1959年，克拉玛依一带探明的含油面积达到200多平方千米。新疆的克拉玛依油田，是中华人民共和国成立后开发的第一个大油田。

“锦绣河山美如画，祖国建设跨骏马，我当个石油工人多荣耀，头戴铝盔走天涯……”一曲《我为祖国献石油》，把石油工人气壮山河的豪迈气概表现得淋漓尽致。“茫茫草原立井架，云雾深处把井打”，“头顶天山鹅毛雪，面对戈壁大风沙……昆仑山下送晚霞”，无不令人畅想天山脚下、戈壁滩上竖起的一座座磕头机。如今，各式各样的磕头机更是矗立在新疆各地，成为天山脚下一道道亮丽的风景线。

“当年我赶着马群寻找草地，到这里来驻马我瞭望过你，茫茫的戈壁像无边的火海……”一曲《克拉玛依之歌》，道出“没有草也没有水，也没有人迹”的“饥饿的土地”，“出现了这人间奇迹，密密的油井像无边的土地，遍野是绿树高楼红旗……那油井

克拉玛依之歌

克拉玛依黑油山

像森林红旗像鲜花，歌声像海洋……”是的，克拉玛依，这片中国大西北的宝地，曾经是大漠戈壁、了无人迹，如今却成为一座现代气息浓郁、处处彰显人文精神的美丽新城。著名诗人艾青曾这样赞美过克拉玛依：最荒凉的地方，却有着最伟大的力量；最深层的地层，却有着最宝贵的溶液；最沉默的战士，却有着最坚强的心。克拉玛依，是沙漠的美人。

克拉玛依市是一座在大漠戈壁上拔地而起的石油城，也是世界上唯一以石油命名的城市。“克拉玛依”，是维吾尔语“黑油”的译音。在克拉玛依东北部，距市中心 2 千米多，有一座“沥青丘”——黑油山。这里像山泉一样流出的不是水，而是黑色的油，当地的人称之为“克拉玛依”。由于周围的恶劣环境，千百年来它并不被人们重视。但是，当黑油山第一口油井喷油，人们发现了这里的价值。于是，这块曾经荒凉数千年的土地就被取名为克拉玛依。

1958 年，克拉玛依正式建市。现在的克拉玛依市，下辖克拉玛依、独山子、白碱滩和乌尔禾 4 个行政区，总面积 7733 平方千米，人口 40 余万。这座新兴城市以黑油山为基点，向南、北、东三方辐射，形成大漠戈壁上的千里油区。2002 年，克拉玛依原油产量突破 1000 万吨，成为中国西部第一个原油年产量上千万吨的大油田。2011 年，克拉玛依油田共生产原油 1090 万吨、天然气 37.1 亿立方米。

今天的克拉玛依，已经形成了包括油气资源勘探开发、石油工程技术服务、油气集输、炼油化工和科研开发为一体的完整的石化工业体系。全市地区生产总值和人均生产总值连续多年居新疆首位和中国各城市前列。克拉玛依市内群楼林立，道路宽敞，流水潺潺，绿树成荫，成为人们向往的热土。而且，克拉玛依人意识到了石油资源的不

世界石油城——克拉玛依

独山子石油石化企业一景

可再生性，开始让这座石油城转型。他们把这里建设成为一座新型的旅游城市，昔日最早出油的黑油山，成为油城的第一处景点；2002年，克拉玛依世界魔鬼城景区正式对外开放；城市里遍布的绿色植物，把这个过去的荒漠变成了充满生机的园林。如今，克拉玛依市绿地率达到38.65%，人均公共绿地面积超过12.2平方米，一举跨入“国家园林城市”行列。克拉玛依也成为一座经济充满活力、环境充满魅力、社会繁荣和谐、人民生活富裕的“世界石油城”。

克拉玛依揭开了新疆石油资源的序幕之后，新疆其他地方也发现了更丰富的石油资源。目前，准噶尔盆地的预测石油资源量达69.4亿吨，探明石油地质储量18.0亿吨，盆地里有11个油田投入了开发。塔里木盆地的油气资源也非常雄厚，目前预测石油资源量达107.6亿吨，探明石油地质储量4.6亿吨。塔里木油田已经成为中国陆上第二大油田，被称为“中国西部的能源经济动脉”。吐鲁番－哈密盆地的面积虽然不及上述两大盆地，但是油气资源也很丰富，目前预测石油资源量为15.8亿吨，探明石油地质储量3.1亿吨。

除了上述三大盆地之外，在新疆的三塘湖和焉耆盆地也发现了油气田。其他盆地的油气资源勘查工作也在有条不紊地进行着。也许有一天，新疆这片神奇的土地，会给我们提供更多的惊喜！

新疆的石油工业在强大的资源优势下飞速发展，目前已经形成了克拉玛依、独山子、乌鲁木齐、泽普等不同规模、各具特色的石油化工产品加工基地。我们相信，石油作为新疆的一大优势矿产资源，不仅促进了新疆经济的发展，而且也带动了新疆其他产业的发展。

"能源大动脉"——气贯长虹的西气东输工程

在中国广阔的西部，地下储藏着丰富的天然气资源。仅以新疆地区来说，天然气的储量就非常惊人。根据第3次资源评价报告提供的数字，新疆地区天然气远景资源量10.8万亿立方米，占中国主要含油气盆地天然气资源量的32%。2010年，新疆地区的天然气产量达249.9亿立方米，连续4年稳居中国第1位。在浩瀚的塔里木盆地里，天然气的预测资源量就达到8.4万亿立方米，可以向东部工业发达但是能源缺乏的地区稳定供气至少30年！

西气东输是指将中国西部地区的天然气向东部地区输送，主要是将新疆塔里木盆地的天然气输往长江三角洲地区。2000年2月，国务院第一次会议批准启动西气东输工程，这是仅次于长江三峡工程的又一重大投资项目，是拉开西部大开发序幕的标志性建设工程。输气管道途经11个省区，全长4200千米；设计年输气能力120亿立方米，最终输气能力200亿立方米；2004年10月1日全线贯通并投产。

西气东输，是一项气贯长虹的伟大工程，创造了多个"中国之最"。它是中国距离最长、跨越省份最多、输气管道的管径最大、国家投资最多、输气量最大、施工条件最复杂、供给范围最大的天然气管道。西气东输工程的管道起点是位于新疆塔里木盆地的轮南油气田，向东经过库尔勒、吐鲁番、鄯善、哈密、柳园、酒泉、张掖、武威、兰州、定西、宝鸡、西安、洛阳、信阳、合肥、南京、常州等地区，东西横贯新疆、甘肃、宁夏、陕西、山西、河南、安徽、江苏、上海等 9 个省区市，并延至浙江省等省区。它沿途要穿越戈壁、荒漠、高原、山区、平原和水网等各种地形地貌和多种气候环境，还要抵御高寒缺氧的不利条件，施工难度之大，在世界上是罕见的。

西气东输的一线工程开工于 2002 年，竣工于 2004 年；二线工程开工于 2009 年，2012 年年底修到香港，实现全线竣工。按照规划，2014 年西三线全线贯穿通气，向东达广东省韶关。

西气东输工程将大大加快新疆及中国中西部沿线地区的经济发展，相应增加财政收入和就业机会，带来巨大的经济效益和社会效益。这一重大工程的实施，还将促进中国能源结构和产业结构调整，带动钢铁、建材、石油化工和电力等相关行业的发展。沿线城市可用清洁燃料取代部分电厂、窑炉、化工企业和居民生产使用的燃油和煤炭，将有效改善大气环境，提高人民生活品质。

农牧之乡

自古以来，新疆就是著名的农牧之乡。据《史记》《汉书》等中国古籍记载，早在公元前1世纪的时候，新疆的农业就已经很发达了。当时，分布在南疆和东疆的“城邦诸国”，主要从事农业，种植各类谷物、葡萄和各种果树；分布在北疆的“行国”，主要从事畜牧业，他们随着季节的变化，逐水草而居，过着游牧的生活。西汉时期，张骞出使西域的时候，把新疆人民种植的葡萄、西瓜、胡麻、苜蓿等作物引进到内地，大大丰富了内地农作物的品种；内地的凿井、修渠、耕作技术以及农产品加工技术也传到新疆，促进了新疆农业的发展。

数千年来，新疆各族人民在这块天赐的宝地上辛勤劳作、繁衍生息，使这里成为一片富足的农牧之乡。在工业化时代之前，这里已经

花的海洋

有无数勤劳的农民、剽悍的牧人和精明的商人。在谋取生活资料的同时，他们把这里开发成一块富饶的宜农宜牧之地。直到今天，新疆的农牧业在中国各省区中仍旧名列前茅，新疆是中国重要的粮食、棉花、畜产品和水果等农产品生产基地。当您走进新疆，在观赏绚丽奇瑰的美景、领略璀璨神秘的地域文化之时，一定不要忘了去感受一下新疆的农牧业，它也许会带给您几许赞叹、几多流连。

“天赐宝地”

在很多人的印象中，新疆是个不大适合居住的地方：高山和大漠、戈壁占去很大部分，天气热起来像是火焰山，冷起来就像冰窖，而且干旱少雨……但是，如果能够身临其境地了解一下新疆的农牧

生机盎然

业，了解一下农牧民的生活，您会发现这里其实已经成为宜农宜牧的“天赐宝地”。独特的自然地理和气候条件还造就了这里的许多农牧业特产，更是让新疆充满着迷人的魅力。

我们知道，农牧业的发展离不开天然的气候。没有人会去西伯利亚的冰天雪地里开荒种田，也没有人会到世界屋脊的雪线以上放牧，因为气候条件不适宜。新疆地域辽阔，堪称一座“气候博物馆”。从热带到寒带，几乎全世界各处的温度，在新疆都可以找到相比拟的地方。有人戏称新疆的温度是“环球有此凉热”，其实并不过分。新疆农区和牧区，各自集中在有着适宜自身发展的气候条件的地区。

总的来说，新疆的年平均气温南高北低，东高西低，高山盆地差

冰天雪地的银色世界

异很大：北疆准噶尔盆地南部和塔城盆地为5℃—7℃，阿勒泰地区为4℃，西部伊犁河谷为8℃—10℃，吐鲁番盆地为12℃—15℃，东部哈密盆地为10℃左右，南疆平原绿洲为10℃—13℃。高山地区的年平均气温随海拔高度的增加而降低，天山中段海拔1853米的小渠子为2℃左右，3400米的天山大西沟站已降至－5℃以下。新疆农牧业的分布，也随着各地的气温条件有所不同。一般来说，温暖的地区农业居多，寒冷的地区牧业为主。

新疆地区夏季天气炎热，7月平均气温北疆为22℃—25℃，南疆为25℃—28℃。吐鲁番7月平均气温高达33℃，最高气温40℃—42℃，甚至曾出现47.7℃的高温，被称为“火洲”。吐鲁番一年之中的高温日数（最高气温大于等于35℃的天数）平均有100天之多，名列中国第一。由于这里气温高、日照时间长、昼夜温差大，特别适合葡萄的生长，又因独特的地理位置使吐鲁番的地下水储量丰富，所以吐鲁番的葡萄饮誉世界。

我们再看一下新疆的自然地理条件：虽然高山、大漠、戈壁占去了很大面积，但这块广袤的土地上仍然有耕地近413万公顷，人均耕

热浪袭人的西域“火洲”

红色的喜悦

地面积0.2公顷，是全中国人均数的2倍多；此外，耕地后备资源0.15亿公顷，居中国首位。新疆有大小河流570多条，地表年径流量879亿立方米，地下水可采量153亿立方米，淡水资源充沛；全年日照时数平均2600—3500小时，居中国第2位。

这种独特的自然生态环境孕育了多样性的农作物品种资源，新疆出产的在国内外市场上具有竞争优势的农产品有100多种。新疆出产的葡萄、哈密瓜、番茄、啤酒花和枸杞等农产品以特有的品质饮誉国内外。新疆还形成了棉花、粮食、甜菜、林果和畜牧等优势主导产业，在中国具有重要的地位。

新疆还是中国5大牧区之一，草场面积达4800多万公顷，仅次于内蒙古和西藏，居中国第3位。2000年以来，新疆畜牧业迅速崛起为一大产业，牛羊肉、羊毛、羊绒、肠衣、牛奶、奶油、酥油等畜产品产量逐年递增。许多价廉物美的产品畅销国内外市场。

新疆这种独特的、各地差异很大的自然地理和气候条件，使得新疆人民早在几千年前就开始根据本地的条件，开发出各具特色的绿洲农业和灌溉农业，培植出不同的农作物品种，放牧着不同的牲畜品种，使得新疆的农牧业发展呈现出多元化的特点。新疆农牧业为新疆人民世世代代提供着衣食来源，也满足了中国其他省份乃至世界上一些国家的需求。这块“天赐宝地”名不虚传。

“塞外粮仓”

新疆素有中国“塞外粮仓”之称，是中国西北部重要的粮食产地。

我们知道，农业生产离不开水源，直到现在，农业也不能说是彻底摆脱了“靠天吃饭”的历史。不错，新疆是个气候干燥的地方。由于空气湿度低，云雨少，这里经常是晴空万里，阳光灿烂。新疆的降

雨水丰盈、美丽富饶之地

阳光下绽放的向日葵

水主要来自大西洋的盛行西风气流，其次来自北冰洋的冷湿气流，太平洋和印度洋的季风都难以进入新疆。全疆平均年降水量仅145毫米，为中国平均值（630毫米）的23%。在全球同纬度各地中，新疆的年降水量几乎是最少的。北疆大部分地区的年降水量只有200毫米左右，大约为华北地区年降水量的一半还弱。而南疆降水更少，年降水量不足100毫米，塔里木盆地内部尚不及20毫米。在吐鲁番盆地，平均每年只有11天下雨，年降水量只有12.6毫米，一般情况下，每次降雨充其量能把地表淋湿。吐鲁番盆地的托克逊县城附近年降水量仅4毫米。至于沙漠腹地，甚至有时终年滴雨不下。那么，在这样的地方怎么发展农业，还成为“塞外粮仓”了呢？

原因在于，新疆也有降水较多的地方，主要是天山山区和阿尔泰山区。这里，冬春多雪，夏秋多雨，空气相对湿润，地面植被丰富。天山山区年降水量在500毫米左右，与华北平原相差无几，其中巩乃斯林区附近约达800毫米，几乎与淮河流域的年降水量相等。这些山区不仅降水丰沛，而且每年降水比较稳定，给山间盆地和山前平原绿洲的农业灌溉提供了十分有利的条件。

新疆的农业属于绿洲农业和灌溉农业，只要有水源的地方，就可以发展农业生产。中国古籍中记载的古代“西域36国”，实际上就是36片规模比较大的绿洲。新疆人民的先辈们，用自己的勤劳、智慧，在大漠戈壁包围的绿洲上创造出一个个奇迹。他们这样赞美自己绿洲上的家园：“要问绿洲什么样？绿宝石缀在黄缎子上”，“沙漠清泉

细雨蒙蒙中的山与林

夕阳映照下的巴音布鲁克草原

甜，戈壁绿洲美”。清朝末年，广东南海县令裴景福远戍新疆，这位生长在江淮大地上的官员在经过哈密时，被绿洲的美景打动，留下了这样的诗句：“天山积雪冻初融，哈密双城夕照红。十里桃花万杨柳，中原无此好春风。”

过去，新疆的粮食产地主要在南疆地区，北疆地区的粮食产量不到全疆的1/3。中华人民共和国成立后，随着乌鲁木齐、克拉玛依一线城市工业的迅速发展，北疆的粮食供不应求。为了扭转“南粮北调”的局面，政府组织在水土资源丰富的伊犁河流域、玛纳斯河流域大规模开荒造田，使北疆的农业生产也迅速发展起来，粮食产量甚至超过了南疆地区。

新疆粮食品种齐全，其中，小麦、玉米和豆类是主要的粮食作物。2011年，新疆各类粮食作物播种面积200.04万公顷，总产量1200.75万吨，占全中国粮食总产量的2.1%，居中国第17位；人均占有粮食558千克，居中国第6位；小麦种植面积107.8万公顷，产量

576.64万吨，占中国总产量的4.9%，居中国第6位；玉米种植面积72.8万公顷，产量517.67万吨，占中国总产量的2.7%，居中国第12位；豆类种植面积8.43万公顷，产量29.11万吨，占中国总产量的1.5%，居中国第18位；稻谷产量60.64万吨，薯类产量24万吨。

现在，新疆已经成为中国国家粮食安全后备基地。新疆人民不断优化粮食种植结构，加大优质小麦生产比重，加速优质粮和专用粮的生产发展，重点发展了昌吉回族自治州、伊犁哈萨克自治州州直、塔城地区、阿勒泰地区、博尔塔拉蒙古自治州和巴音郭楞蒙古自治州、阿克苏地区、喀什地区、和田地区的小麦、玉米及饲用玉米生产，北疆5地州冷凉区域和拜城、乌什县的花芸豆、鹰嘴豆等杂豆生产，以及昌吉回族自治州、伊犁哈萨克自治州和哈密地区等地（州）优势啤酒大麦生产。

当代诗人程云鹤曾经游览新疆，写下了很多脍炙人口的诗句。他在参观新疆粮食生产之后，这样写道：“新疆平地广开荒，机械作业

千亩良田

喜获丰收

稻粱香。土地肥沃军垦殖，天山南北尽粮仓。”这就是今日新疆粮食生产发展的真实写照。

“棉花大省”

棉花是关系国计民生的重要战略物资和保证棉纺工业持续发展的重要原材料。中国是世界上最大的棉花生产和原棉消费大国，棉花生产更是涉及国家农业生产战略布局和粮食安全。新疆是中国三大棉区之一，棉花生产在中国占有重要地位。

新疆地区种植棉花的历史已经很悠久了。据成书于唐代的《南史》记载，高昌国“有草实如茧……国人取织以为布”。高昌国就位于现在的吐鲁番地区。前面我们说过，新疆地区气候干燥，光照时间长，这些都是适合棉花生长的要素。此外，新疆气候还有一个特点适合棉花的生长，那就是气温日较差比较大。“早穿棉袄午穿纱，围着火炉吃西瓜”，就是对新疆昼夜温差大的形象写照。新疆很多地方平均气温昼夜温差为14℃—16℃，最大的可达20℃—28℃。沙漠边缘的民丰县安得河，曾记录到35.8℃的气温日较差。在具有干旱沙漠气候特征的吐鲁番，年平均气温日较差为14.8℃，最大气温日较差曾达50℃。一天之内好像经历了寒暑变化，白天烈日炎炎，气温上升快，只穿背心仍然挥汗。当地人说：“沙窝煮鸡蛋，石头好烙饼。”而当夜晚气温急剧下降之时，辛勤的农民甚至不得不生起火炉取暖，夜里盖上棉被方能安眠。“围着火炉吃西瓜”便由此而来。

新疆昼夜温差比中国同纬度地区都大，并且夏季日较差最大，冬季日较差最小。这种冬夏之差北疆要大于南疆，而且靠近盆地中心的地区差距更大。这种气温日较差大的条件对一些农作物的品质及产量的提高极为有益。特别是对棉花来说，新疆的气候条件使得这里的棉花纤维品质非常之好。在民国时期（1912—1949），新疆的吐鲁番、莎车、鄯善、疏勒等地都有棉花，全省种植棉花的面积有百万余亩，年产棉约30万担。

享受阳光的油菜花

丰收

中华人民共和国成立后，新疆的棉花产业有了更大的发展。良种培植、种植技术和灭虫技术都有了很大的提高。现在，随着农业产业结构的不断调整与优化，新疆的经济作物种植业发展迅猛，迅速成为农业的主导产业。其中，新疆的棉花产业已成为仅次于石油产业的第二大经济支柱，其种植面积、单产、总产、收购量和调拨量等指标已经多年位居中国首位。

从20世纪90年代开始，新疆优质棉基地建设项目就是中国政府支持的重点农业项目。通过优质棉基地建设，新疆棉花年生产规模保持在2000万—2200万亩，总产250万吨左右的水平。同时，新疆棉花的平均单产已达到120公斤/亩左右，高出中国平均水平40公斤，高出美国平均水平50公斤，高出世界平均水平67公斤，并创造了亩产籽棉806公斤的世界纪录。2012年，新疆的棉花总产量达318万吨，在中国的棉花总产量中的比重首次超过了50%。

昌吉回族自治州玛纳斯县是新疆优质棉基地建设最现实的受益者之一，连续10多年保持农民收入新疆第一。玛纳斯县农民人均收入中，棉花占了一半以上。每年到了丰收的季节，一个个高耸的棉花垛，宛如一个个雪白的梦，搭起农民致富的“银窝窝”。

“瓜果之乡”

新疆瓜果多、品质优良，素有“瓜果之乡”的美称，是世界6大果区之一。新疆的气候干燥、昼夜温差大，这使得新疆的瓜果也比其他地方的要甜出许多。因为在这样的气候条件下，白天光照强烈，植物们卯足了劲儿舒展枝叶进行光合作用，让瓜果积累大量糖分；夜晚降温很快，气温低，瓜果的呼吸作用弱，减少了对白天积累的糖分的消耗。这就是新疆瓜果特别甜的秘密。

吐鲁番的葡萄熟了

今年的收成就是好

新疆各地的气候、土壤等条件不同，出产的瓜果在种类及品种上也就有所不同。如果您到了新疆，新疆人会如数家珍般告诉您新疆各地的知名瓜果："吐鲁番的葡萄哈密的瓜，叶城的石榴人人夸；库尔勒的香梨甲天下，伊犁苹果顶呱呱；阿图什的无花果名声大，下野地的西瓜甜又沙；喀什樱桃赛珍珠，伽师甜瓜甜掉牙；和田的薄皮核桃不用敲，库车白杏味最佳；一年四季有瓜果，来到新疆不想家……"

2011年，新疆林果总面积为99.03万公顷，其中苹果8.33万公顷，梨6.99万公顷，葡萄13.55万公顷（其中无核葡萄4.30万公顷），杏19.36万公顷，桃1.29万公顷，红枣45.61万公顷，石榴1.42万公顷，果品总产量为601.65万吨。经过多年努力，新疆林果总面积列中国第6位，形成以红枣、核桃、杏、香梨和葡萄为主的中国优质林果生产基地。在瓜果成熟的季节，您如果到新疆一游，就会品尝到名不虚传的各种美味瓜果，让您流连忘返。

新疆吐鲁番盆地葡萄沟出产的葡萄驰名中外。这里是中国葡萄的主要生产基地，总产量占全疆的1/2，在中国名列前茅。葡萄沟位于吐鲁番市区东北约15千米处的一个沟谷中。山上烈日炎炎，沟底山坡中有一片呈南北走向的生机盎然的绿荫带，走进绿荫，就能看到、吃到世界上最甜的葡萄。葡萄沟全长8千米，东西宽约0.5千米，最宽处可达2千米，里面排列有致地分布着一架架葡萄。葡萄架下绿枝成荫、凉爽怡人，有“清凉世界”之美誉。这里种植的葡萄有10多个品种，其中的无核白葡萄，由于粒小、汁多、鲜绿晶亮、酸甜可口、含糖量高，在国际市场上享有很高的声誉，被称为“中国绿珍珠”。

“天山南北好牧场”

20世纪50年代，有一首名为《新疆好》的歌曲唱遍了大江南北，歌中唱到：“我们新疆好地方啊，天山南北好牧场，戈壁沙滩变良田，积雪融化灌农庄……”

“天山南北好牧场”是令新疆人民自豪的。新疆畜牧业历史悠久，早在4000年前，阿尔泰山、天山及葱岭以东、昆仑山以北的山

牧场上悠然觅食的羊群

麓，就有逐水草而居的游牧部族在活动。在平原绿洲上定居的诸部族，除经营农业外，也兼营牧业。在新疆维吾尔、汉、回、哈萨克、蒙古、柯尔克孜、塔吉克和乌孜别克等民族中，绝大多数一直保持了经营牧业、饲养牧畜的传统，尤其是哈萨克、蒙古、柯尔克孜和塔吉克等民族，仍以畜牧业为主要的生产活动。

现在，新疆是中国5大牧区之一，它以草原辽阔、牲畜头数多而著名。在新疆87个县（市）中，牧业县有22个，半农半牧县有16个，农业县有49个；从事牧业的人口有135.71万人，占乡村总人口的12.6%；现有牧场130个；牧草地面积5111万公顷，其中牧草灌溉面积345万公顷。

新疆地区广阔的草原是畜牧业的主要饲草来源。这些草原主要包括阿尔泰山系、天山山脉和昆仑山区的谷地、台阶地草原；额尔齐斯

圈养羊群

穿越公路的羊群

河、博尔塔拉河、乌伦古河、伊犁河、玛纳斯河、开都河、孔雀河、塔里木河、叶尔羌河及和田河等河流的两岸冲积、淤积平原草原；乌伦古湖、艾比湖、赛里木湖和博斯腾湖等湖区草原。这些天然草原养育了新疆畜牧业。新疆优良草场占37.5%，中等草场占51.1%。20世纪80年代以后，人工饲草料，包括人工草场、农副产品和工业饲料等，已成为牲畜很重要的饲料来源。

新疆草原畜牧业以养羊、养马、养牛和养驼为主；农区畜牧业以养牛、羊、禽类为主。新疆牲畜中，牛、羊、马、驼等草食家畜占97%以上。走进天山南北大大小小的天然牧场，您会发现那里大小牲畜漫山遍野，其中最多的是绵羊，其次是牛、马、山羊、驴、骆驼、骡和牦牛等。

新疆各族人民在长期生产活动中，培育了许多适应本地条件且生产性能良好的牲畜品种。新疆以出产好马闻名于世。西汉时期（前206—公元25），内地的皇帝汉武帝为了得到西域的好马，不惜3次派张骞前往西域。他把从西域的乌孙和大宛得到的良马，分别赐予“西极马”和“天马”的称号。据说，汉武帝得到的大宛“天马”，就是现在世界上稀少的汗血宝马。此外，新疆的伊犁马以其力量和速度兼备、适应严寒的气候而闻名，是中国优良的地方马种；新疆焉耆盆地的焉耆马，在汉代就有“海马龙驹”的称号，它不仅行走速度快、耐力好，还是游泳的好手。在危急时刻，它能游二三十千米，而且还能驮着主人一起游，泳姿也十分优美。

新疆草原上饲养的牛的品种也比较多。新疆褐牛是一种适应性极强的品种，它能在海拔2500米的高山、坡度25°的山地草场放牧，可在冬季－40℃、雪深20厘米的草场觅食，也能在最高气温达47.5℃的吐鲁番盆地里生存。新疆的黑白花牛是从欧洲引进的品种，是新疆主要的乳牛品种，每头乳牛年产奶量可达6500—7500千克，而且产肉性能也非常好，其肉质细嫩多汁，营养丰富。

新疆草原上的羊的品种也很多，驰名中国的有新疆细毛羊、阿勒泰大尾羊、和田半粗毛羊等。新疆细毛羊是中国最好的细毛羊品种，它体形高大，骨骼健壮，产毛量高。20世纪80年代，新疆巩乃斯种羊场曾做过测试，一只新疆细毛羊平均可产羊毛3.5千克，净毛率达50%。阿勒泰大尾羊是阿勒泰地区的特产，它适应当地的严寒环境，耐粗饲，体大，肉质肥美，生长发育快，产肉性能好。一般羔羊五六个月体重就可以达到36千克，最高的有64千克，成年公羊的体重能达到100千克左右。和田半粗毛羊，不仅产肉多，而且毛的张力大、弹性好，因宜织地毯而闻名。

新疆幅员辽阔，地大物博，山川壮丽，资源优渥。这里是举世闻名的歌舞之乡、瓜果之乡、黄金玉石之邦，这里是古迹遍地、民族众多、民俗奇异之地。在这里，冰川雪岭与戈壁大漠共生，绿洲草原与湖泊河流共鸣。这里气势磅礴、变幻多姿的高山峻岭，孕育着神奇

展翅飞翔

的雪域冰川、叠嶂雄峰、飞泉瀑布、珍奇异兽。这里，连绵不绝的沙丘、荒无人迹的戈壁，生长着沙漠英雄树——胡杨，生长着野生纤维王——罗布麻。这里，还有郁郁葱葱、花果飘香的绿洲，还有着一泻千里的河流、万顷碧波的草原、各式各样的原始动植物……这里，地下深埋着富饶的矿产资源，蕴藏着富集的油气资源；这里，地上种植着千里粮棉，放养着成群牛羊……这里，就是我们新疆，美丽而富饶的新疆。只要您走进了新疆、了解了新疆、认识了新疆，您就会深深热爱这个地方……

后 记

《富饶新疆》一书从2013年开始确定主题与写作风格、起草写作大纲，2014年7月正式定稿。

新疆财经大学工商管理学院2012级企业管理专业研究生昌旭晓为本书做了大量的基础资料收集和整理工作，新疆财经大学经济学硕士张芳芳也为本书提供了许多写作素材。

本书共收录照片百余幅，新疆维吾尔自治区政府新闻办公室，石广元、周广宏、李永俊、孙小萌、宋士敬及新疆日报社甄世新、崔志坚、于雷、姚彤、蔡增乐、刘健、史东兵、普拉提、闫志江、孟庆忠、刘是何等数十位记者为本书提供了丰富的照片资料。其中，新疆著名摄影家石广元先生为本书提供了大量精美的新疆风光照片，以期大力宣传推介新疆的神奇壮美、博大富饶。石广元先生的作品曾获第二届喀纳斯金秋国际摄影节比赛三等奖、亚洲华人摄影大赛三等奖、柯达专业反转片十佳提名奖、富士专业反转片摄影比赛优秀奖、今日中国摄影比赛二等奖、中国摄影艺术成就奖，以及新疆、乌鲁木齐和新疆生产建设兵团范围内各种摄影比赛大奖。他曾在新疆多地及山东青岛成功举办《新疆美》《最美的还是我们新疆》《行摄新疆》等大型个人摄影展，其作品被收入《中国摄影家辞典》和《中国摄影艺术年鉴》，有多幅作品先后被国内档案馆和图书馆收藏。

在本书的编写过程中，新疆社会科学院以及五洲传播出版社提供了各方面的帮助和支持，在此聊表谢忱。

本书虽然力求全面展示广袤、博大、富饶、美丽的新疆，但由于涉及领域宽广，加之编著者水平有限，文中可能存在错误和不妥之处，恳请专家和广大读者批评指正。

王宏丽

2014年8月